Heiko Fuchs

Biodiversität bei der Planung von Naturschutzgebieten

Probleme des "Species Set Covering" und des "Backup Species Covering"

Bibliografische Information der Deutschen Nationalbibliothek:

Die Deutsche Nationalbibliothek verzeichnet diese Publikation in der Deutschen Nationalbibliografie; detaillierte bibliografische Daten sind im Internet über http://dnb.d-nb.de abrufbar.

Impressum:

Copyright © ScienceFactory

Ein Imprint der Open Publishing GmbH

Druck und Bindung: Books on Demand GmbH, Norderstedt, Germany

Covergestaltung: Open Publishing GmbH

Inhaltsverzeichnis

Abkürzungsverzeichnis 4

Symbolverzeichnis 5

Abbildungsverzeichnis 6

Tabellenverzeichnis 7

1 Einleitung 8

2 Notwendigkeit des Naturschutzes 10

    2.1 Ausgangslage 10

    2.2 Argumente für den Naturschutz 11

    2.3 Begriff Biodiversität 12

    2.4 Bedrohungen der Biodiversität 15

    2.5 Naturschutzstrategien / Conservation Biology 16

3 Systematische Naturschutzplanung 18

    3.1 Systematische Naturschutzplanung 18

    3.2 Anforderungen an ein Reservat 20

    3.3 Das Konzept UNESCO Biosphärenreservat 22

4 Quantitative Verfahren der Naturschutzplanung 25

    4.1 Voraussetzungen der Modelle 26

    4.2 Einführung eines Fallbeispiels 27

    4.3 Species Set Covering-Probleme in der Naturschutzplanung 29

    4.4 Maximal Covering Species Problem 31

    4.5 Backup Species Covering Probleme 34

    4.6 Auswirkungen unterschiedlicher Kriterien in der Primärabdeckung auf die Backup-Abdeckung 45

    4.7 Allgemeine Kritik an den Modellen 48

5 Fazit / Ausblick 49

Anhang 51

Literaturverzeichnis 54

Abkürzungsverzeichnis

IUCN	International Union for Conservation
WNBR	World Network of Biosphere Reserves
UNESCO	United Nations Educational, Scientific and Cultural Organization
MAB	Man and the Biosphere Program
SSCP	Species Set Covering Problem
BSSCP	Backup Species Set Covering Problem
MCLP	Maximal Covering Location Problem
MCSP	Maximal Covering Species Problem
BMCSP	Backup Maximal Covering Species Problems
BMCSP (S1)	Backup Maximal Covering Species Problem Standard 1
BMCSP (V1)	Backup Maximal Covering Species Problem Variante 1
BMCSP (V2)	Backup Maximal Covering Species Problem Variante 2

Symbolverzeichnis

i	Index der Spezies
I	Menge der Spezies
j	Index der Parzellen
J	Menge der Parzellen
N_i	Menge der Parzellen, welche Spezies i beinhalten
x_j	Entscheidungsvariable
y_i	Entscheidungsvariable
u_i	Entscheidungsvariable
p	Anzahl der Parzellen, welche Reservatstatus erhalten können
d_i	Gewichtungsfaktor
R	Menge der seltenen und besonders Schutzbedürftigen Spezies
NR	Menge der nicht-seltenen, weniger Schutzbedürftigen Spezies
k_i	Mindesthäufigkeit der Spezies i

Abbildungsverzeichnis

Abbildung 1: Landnutzung durch den Menschen 11

Abbildung 2: Bedrohungen der Biodiversität 16

Abbildung 3: Bundesamt für Naturschutz - Biosphärenreservate - Zonierung 24

Abbildung 4: Übertragung Fiktives Gebiet in Parzellenraster 26

Abbildung 5: In Parzellen (1-22) eingeteiltes Fiktives Gebiet mit Spezies (A-P) 27

Abbildung 6: Grafischer Vergleich der Primärabdeckungen BMCSP (S1,V1) 46

Abbildung 7: Grafischer Vergleich Backup-Abdeckungen BMCSP (S1,V1,V2) 47

Abbildung 8: *Modellierung BMCSP (V1) in Excel* 51

Abbildung 9: Solver-Parameter BMCSP (V1) im ExcelSolver 53

Tabellenverzeichnis

Tabelle 1: Beispiel der Organisationsebenen und Merkmale von Biodiversität 13

Tabelle 2: Ökosystemleistungen und menschliches Wohlergehen 14

Tabelle 3: Parzellen/Spezies Matrix des Beispielfalls inkl. Gewichtungen. 28

Tabelle 4: Excel Solver Lösung des Beispielfalls mit SSCP. 31

Tabelle 5: Excel Solver Lösung des Beispielfalls mit MCSP. 33

Tabelle 6: Excel Solver Lösung des Beispielfalls mit BSSCP. 36

Tabelle 7: Excel Solver Lösung des Beispielfalls mit BMCSP (S1). 39

Tabelle 8: Excel Solver Lösung des Beispielfalls mit BMCSP (V1). 41

Tabelle 9: Excel Solver Lösung des Beispielfalls mit BMCSP (V2) und Vergleich zu (S1). 44

Tabelle 10: Excel Solver Lösungen der BMCSP (S1,V1,V2) Primär-und Backup-Abdeckung. 46

1 Einleitung

Stärker als je zuvor ist die Natur durch den Eingriff des Menschen gefährdet. Daher ist auch ihr Schutz umso nötiger denn je. Die Argumente hierfür liefern nicht erst die gegenwärtigen Diskussionen um den Klimawandel, sondern bereits die 38. UNO-Generalversammlung 1987 mit dem Bericht „Unsere gemeinsame Zukunft" – der sogenannte Brundtland-Bericht – in dem zu einer nachhaltigen Verwendung unserer natürlichen Ressourcen für künftige Generationen aufgerufen wird (Weltkommission, Brundtland 1987). Natürliche Ressourcen sind nicht unbegrenzt vorhanden. Das heißt, mit den natürlichen Rohstoffen ist behutsam, effizient und nachhaltig umzugehen. Und dafür müssen jetzt Vorkehrungen getroffen werden.

Eine Möglichkeit ist, Naturschutzgebiete auszuweisen. Das kann auf verschiedenen Wegen geschehen. Lange Zeit waren Schönheit von Natur und Landschaft oder das Auftreten einer seltenen Art Maßstab für die Auswahl eines Gebietes (Pressey et al. 1993). Heute wird von vielen ineinandergreifenden Naturschutzaspekten ausgegangen, die letztendlich die Unterhaltung und Aufrechterhaltung ganzer Ökosysteme sichern sollen. Solch ein Schutz verlangt eine systematische Planung. Der Schutzstatus derartiger Gebiete wird je nach Anforderung an Reichhaltigkeit, Repräsentativität, Repräsentation, Komplementarität und Effizienz der natürlichen Ressourcen festgelegt (Kukkala et al. 2013). Diese Vorgaben wiederum stehen im Kontext räumlicher Kriterien (Williams et al. 2005). Das am stärksten zu schützende Gebiet ist ein UNESCO-Biosphärenreservat. Ein solches Gebiet bildet mit seinem reichhaltigen Naturpotential eine international repräsentative Modellregion. In Deutschland sind 16 UNESCO-Biosphärenreservate ausgewiesen (UNESCO 2017).

Um die Artenvielfalt zu erhalten, ist im Rahmen einer systematischen Planung zum einen eine Bestandsaufnahme nötig und zum anderen das Potential für einen maximalen Nutzen zu ermitteln. Für Letzteres stehen mehrere Optionen für die Anwendung mathematischer Modelle zur Auswahl. So kann mit quantitativen Größen wie Repräsentativität, Kosten, Bedrohungen u. a. die Eignung von Gebieten als Naturschutzreservat ermittelt werden (Church et al. 1996). Eine weitere wichtige quantitative Größe für die Ausweisung eines schützenswerten Gebietes ist die Biodiversität. Für die Planung ist das Modell eines „mathematischen Überdeckungs-Verfahrens", das „Species Set Covering Problem", eine Möglichkeit, um das zukünftige Gebiet mit der größten Artenvielfalt abzusichern. Dieses Verfahren stammt als „Set Covering Modell" aus dem Handelswesen für die Standortplanung, wo z.B. der Bedarf an Konsumgütern für die Verteilung an Verkaufsstätten errechnet wird

(Lossen& Steinfels 2006; Daskin 1995). Da jedoch eine Sicherheit der Artenvielfalt erreicht werden soll, empfiehlt sich das Modell „Backup Covering Species", das von einer doppelten bzw. mehrfachen Überdeckung ausgeht. Beide Modelle bieten Möglichkeiten, je nachdem, welche Erweiterungen und Verifizierungen angefordert werden. Mit diesen Modellen soll eine Erkenntnis darüber gewonnen werden, welches Gebiet den höchsten Schutzwert mit dem geringsten Unterhaltungsaufwand aufweist (Church et al. 1996). Die jeweiligen Vor- und Nachteile der angeführten Problemformulierungen werden nachfolgend im Einzelnen herausgestellt.

Der Aufbau dieser Arbeit stellt sich folgendermaßen dar: In Kapitel 2 werden die Notwendigkeit des Naturschutzes motiviert, sowie die hierfür wichtigsten Begriffe eingeführt. Kapitel 3 verdeutlicht die Grundlagen der systematischen Naturschutzplanung. Anschließend werden in Kapitel 4, welches den Fokus dieser Arbeit ausmacht, verschiedene Mathematische Modelle zur Bestimmung geeigneter Gebiete für Naturschutzreservate vorgestellt, sowie an einem Fallbeispiel erläutert. Kapitel 5 soll diese Arbeit mit einem Fazit abschließen.

2 Notwendigkeit des Naturschutzes

In diesem Kapitel soll auf die Bedeutung der Natur für den Menschen eingegangen werden. Es werden verschiedene Funktionen aufgezeigt, die die Natur für den Menschen sowohl direkt als auch indirekt erfüllt. Des Weiteren werden vom Menschen herbeigeführte Prozesse aufgezeigt, die diese Funktionen empfindlich stören können. In diesem Zusammenhang werden die wichtigsten Begriffe für einen möglichen Naturschutz eingeführt.

2.1 Ausgangslage

Durch das stetige Wachsen der Zivilisation werden immer größere Mengen an Nahrung, Holz, Raum und anderen Ressourcen des Ökosystems benötigt (DeFries et al. 2004, S.249). Um den zunehmenden Bedarf an Ressourcen zu decken, wurden und werden ganze Landschaften zu ihrer vom Menschen benötigten Funktion entsprechend transformiert. Seit der Antike werden durch Agrar- und Forstwirtschaft weite Landstriche für Bauwirtschaft und Lebensmittelproduktion umgewandelt (siehe Abbildung 1). Obwohl Ölpalmen (Elaeis guineensis) die am Flächenverbrauch sparsamsten und dennoch ertragreichsten Ölpflanzen sind, wurden schon zwischen 1990 und 2005 etwa 56 % der Ölpalmplantagen auf ehemaligen indonesischen Primärwaldflächen angelegt. Indonesien und Malaysia sind die weltweit größten Palmölproduzenten (Knoke et al. 2015, S.1).

Aber auch die Verstädterung hat erheblichen Einfluss, da sie durch Zersplitterung und Isolieren des natürlichen Lebensraumes vorhandene Spezies-Zusammensetzungen homogenisiert, das hydrologische System stört und den Energiefluss sowie sonstige Nahrungskreisläufe ändert (Alberti 2005, S.168). Hierdurch werden die Funktionsweise des Ökosystems und damit auch die Funktionen, die dieses Ökosystem für den Menschen und andere Spezies übernimmt, in erheblichem Ausmaß verändert bzw. eingeschränkt. Diese Zerstörung des natürlichen Lebensraumes ist der Hauptgrund für das Aussterben vieler Spezies (Seabloom et al. 2002, Pimm et al. 2000). So ist das Ausmaß des Aussterbens der Spezies heutzutage in etwa 100- bis 1000-mal größer als vor der menschlichen Zivilisation. Auf der Roten Liste der Weltnaturschutzunion (IUCN) stehen 23.928 gefährdete Tier- und Pflanzenarten. Ein Drittel der 82.945 erfassten Tier- und Pflanzenarten hat die IUCN als bedroht eingestuft (WWF 2016).

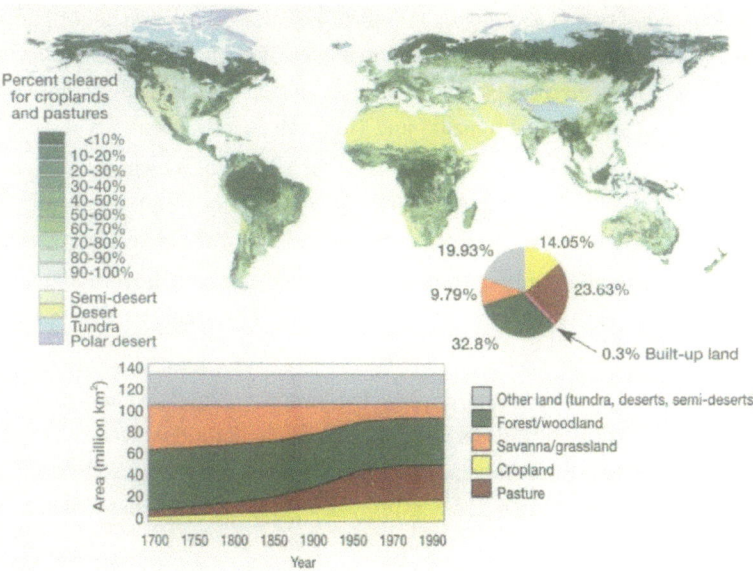

Abbildung 1: Landnutzung durch den Menschen
(DeFries 2004, S. 250).

2.2 Argumente für den Naturschutz

Hauptaufgabe des Naturschutzes ist die Erhaltung der freilebenden Pflanzen- und Tierarten sowie derer Lebensgemeinschaften. Eine besondere Gefährdung geht hier von der Zerstörung dieser Lebensräume aus, welche es somit zu schützen gilt. Des Weiteren sollen die Leistungsfähigkeit und Funktionsfähigkeit des Naturhaushalts sowie die Vielfalt, Eigenart und Schönheit der Natur und Landschaften dauerhaft sichergestellt werden (vgl. §1 BNatSchG). Nach Hupke (2015, S.26) werden folgende fünf Punkte als wichtigste Argumente für den Naturschutz vorgebracht:

1. *Ethisches Argument*: Der Mensch besetzt eine dominante Position in der Natur und besitzt die Fähigkeit, bewusst über das „Sein oder Nichtsein" der Arten zu entscheiden. Die Ethik fordert, das Recht auf Leben für alle Arten zu achten.

2. *Theoretisch-wissenschaftliches Argument*: Biotope und Arten dienen dem menschlichen Streben nach Erkenntnis als Anschauungs- und Untersuchungsobjekte. Das langfristige Beobachten und Studieren der ungestörten Lebensräume soll zu Erkenntnissen führen, welche Probleme des Menschen lösen können.

3. *Pragmatisches Argument*: Für ein dauerhaftes Überleben benötigt der Mensch Naturgüter bzw. Leistungen des Ökosystems, u.a. Heilpflanzen, Bestäubung, Schädlingsregulierung. Dabei gilt es insbesondere die erschöpflichen Quellen wie Pflanzen- und Tierarten zu bewahren.
4. *Anthropobiologisches Argument*: Es wird davon ausgegangen, dass der Mensch die Natur zur Anregung und Erholung benötigt. Die Natur gibt den Menschen Lebensqualität, Heimatgefühl und wirkt identitätsstiftend.
5. *Historisch-kulturelles Argument*: Die durch menschliche Aktivitäten über Jahrhunderte und Jahrtausende geprägten Kulturlandschaften gilt es zu bewahren.

Es konnte dargestellt werden, dass die Existenz des Menschen einen negativen Einfluss auf die Natur ausübt. Es wurden Argumente gefunden, welche für eine Notwendigkeit des Naturschutzes sprechen. Im folgenden Absatz soll diese Notwendigkeit durch die Klärung des Begriffs „Biodiversität" sowie der Erörterung ihrer Bedeutung für den Menschen weiter vertieft werden.

2.3 Begriff Biodiversität

Um im weiteren Verlauf auf die Rolle der systematischen Erhaltungsplanung sowie der Biosphärenreservate eingehen zu können, soll an dieser Stelle zunächst die Bedeutung der Biodiversität, welche den Grundpfeiler dieser Themen bildet, geklärt werden.

Im Forschungsfeld der Ökologie werden unter den Funktionen des Ökosystems jene verstanden, welche es der Erde ermöglichen, Leben über einen langen Zeitraum zu erhalten. Eine wesentliche Rolle zur Funktionsfähigkeit und Nachhaltigkeit des Ökosystems kommt hier der Biodiversität zu (Alberti 2005, S.173). Unter Biodiversität werden in diesem Zusammenhang die Vielfalt der Arten, Vielfalt der Gene und Vielfalt der Ökosysteme verstanden (Swingland 2001, S.378). Im Wesentlichen bezieht sich der Begriff „Biodiversität" also auf das Leben in all seinen Formen sowie auf die biologischen Prozesse, welcher es bedarf, um das Überleben der Tier- und Pflanzenarten zu sichern. Für ein besseres Verständnis des Konzeptes „Biodiversität" ist es hilfreich, es in seine Komponenten zu zerlegen. Nach Vold et al. (2008, S.1ff) bietet es sich an, die Biodiversität in 3 Organisationsebenen (Ökosystem, Arten und Gene) sowie 3 primäre Merkmale (Zusammensetzung, Struktur und Funktionen) zu unterscheiden:

- Ein **Ökosystem** ist ein dynamisches Gebilde aus Pflanzen-, Tieren- und Mikroorganismen-Populationen sowie abiotische Elemente (nicht lebend), welche zusammen eine funktionsfähige Einheit bilden.
- **Arten** sind vollständige, selbst reproduzierende und einzigartige Kombinationen genetischer Variationen.
- **Gene** sind die Träger der Erbinformationen. Durch genetische Variationen wird es Populationen ermöglicht, sich an Änderungen der Umwelt derart anzupassen, dass diese weiterhin an den ökologischen Prozessen teilnehmen können. Die genetische Vielfalt bildet den Grundstein der Biodiversität.
- **Zusammensetzung** meint die Identität und Vielfalt eines Ökosystems. Anzahl und Vielfalt der Spezies dienen hier als Bemessungsgrundlange.
- **Struktur** beschreibt die physische Organisation bzw. das Muster eines Habitats.
- **Funktionen** sind das Ergebnis der ökologischen und evolutionären Prozesse. Als Beispiele können hier das „Jäger-Beute-Prinzip" sowie Wasserreinigung als auch der Nährstoffkreislauf genannt werden.

Die Zusammenhänge zwischen Organisationebenen und Merkmalen der Biodiversität werden in der folgenden, von Vold et al. (2008) übernommenen Tabelle 1 noch einmal veranschaulicht.

		Merkmale		
		Zusammensetzung	Struktur	Funktion
Ebenen	Ökosystem	Ökosysteme in einem Gebiet	Patch size (Flickenteppich)	Verbundenheit
	Arten	Artenreichtum in einem Gebiet	Reichtum	Jäger-Beute-Dynamik
	Gene	Anzahl der einzigartigen Gene in einer Population	Relativer Reichtum an einzigartigen Genen innerhalb einer Population	Anpassung

Tabelle 1: Beispiel der Organisationsebenen und Merkmale von Biodiversität (Vold et al. 2008, S. 2).

Biodiversität bildet die Grundlage einer Vielzahl von Funktionen des Ökosystems, welche für das Wohlergehen des Menschen von entscheidender Bedeutung sind. Diese sogenannten Ökosystemleistungen versorgen den Menschen mit Gütern, kulturellen Diensten sowie regulierenden und unterstützenden Diensten (Tabelle 2).

Biodiversität und Funktionen des Ökosystems unterstützen:

⬇

Ökosystemleistungen			
Bereitstellung von Gütern	Kulturelle Dienste	Regulierende Dienste	Unterstützende Dienste
Nahrung, Treibstoff	Spiritueller Wert	Klimaregulation	Nährstoffkreislauf
Genetische Ressourcen	Bildung und Inspiration	Wasserreinigung	Produktion von Sauerstoff
Biochemikalien	Erholung	Invasionsschutz	Wasserkreislauf
Frischwasser und Lebensraum	Ästhetischer Wert	Schutz vor Naturgefahren	Bereitstellung von Lebensraum

⬇

Menschliches Wohlergehen

Tabelle 2: Ökosystemleistungen und menschliches Wohlergehen (Vold et al. 2008, S. 3).

2.4 Bedrohungen der Biodiversität

Die Biodiversität wird durch eine Vielzahl von durch den Menschen hervorgerufenen Prozessen belastet. Nach Groom (2005, S.64) kann dabei zwischen vier verschiedenen Haupttypen unterschieden werden, welche die Biodiversität bedrohen:

- **Lebensraumzerstörung** bezeichnet die vollständige Umformung eines Lebensraumes, so dass dieser seine natürlichen Eigenschaften verliert und somit nicht mehr als Lebensraum der dort ursprünglich ansässigen Spezies dienen kann. Aber auch schwere Lebensraumverschlechterung und Verschmutzung sowie Zersplitterung des Lebensraumes fallen unter diese Kategorie und erschweren das Überleben der dort ansässigen Organismen erheblich. Als Beispiele menschlicher Aktivitäten für die Zerstörung oder Beeinträchtigung des natürlichen Lebensraumes können u.a. die Industrie, Agrarwirtschaft, Forstwirtschaft, Fischereiwirtschaft, Bergbau sowie sämtliche Formen von Verschmutzung genannt werden.

- **Raubbau:** Als offensichtliche Folge des Raubbaus kann sowohl das globale als auch das lokale Aussterben ganzer Arten oder Populationen [1] genannt werden. Nicht direkt ersichtliche Folgen resultieren aus der Verringerung von Populationsgrößen. Diese können zu Kettenreaktionen führen, welche das Potential haben, die Funktionalität des gesamten Ökosystems nachteilig zu beeinträchtigen.

- **Invasion nicht heimischer Arten:** Hierunter wird das Eindringen oder auch Einführen von Spezies in ein Gebiet verstanden, in dem diese nicht natürlich ansässig sind. Diese Eindringlinge beeinflussen das natürliche Gleichgewicht der heimischen Arten durch Störung des Jäger-Beute-Verhältnisses, Einführen fremder Parasiten und Krankheiten u. a.

- **Anthropogener Klimawandel:** Der vom Menschen verursachte Klimawandel ist als besonders bedrohlich anzusehen. Anhand geologischer Aufzeichnungen ist ersichtlich, dass der Klimawandel in der Erdgeschichte eine Hauptursache für das Massensterben der Arten war. Aufgrund des hohen Tempos des derzeitigen Klimawandels sind immense Auswirkungen auf die Biodiversität zu erwarten.

---

[1] Unter **Population** wird eine Gruppe von Individuen derselben Art, die ein bestimmtes geografisches Gebiet bewohnen, sich untereinander fortpflanzen und über mehrere Generationen genetisch verbunden sind, verstanden (vgl. http://www.spektrum.de/lexikon/biologie)

Die folgende von Groom (2005) übernommene Darstellung (Abbildung 2) soll diese Zusammenhänge verdeutlichen, indem die Ursache der Hauptbedrohungen sowie ihre Wirkungsweise als auch Folgen darstellt werden.

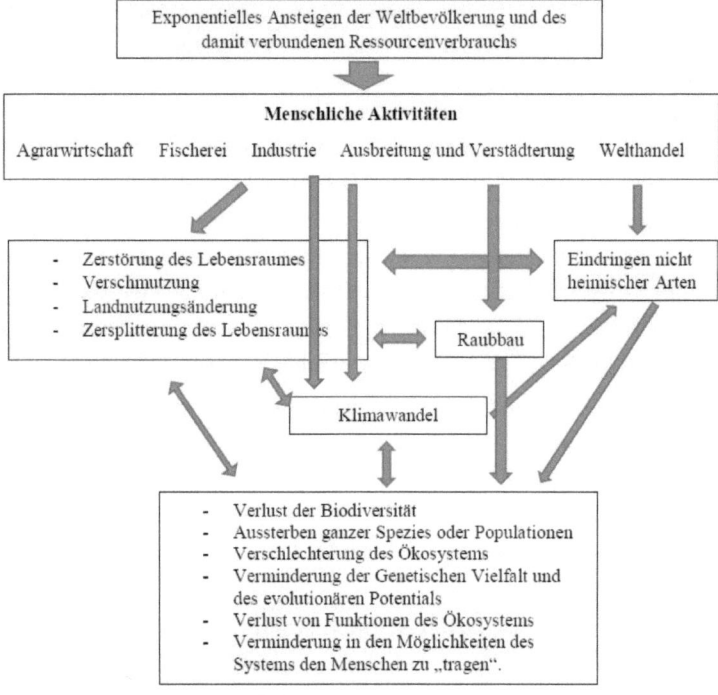

Abbildung 2: Bedrohungen der Biodiversität
(Groom 2005, S. 64).

2.5 Naturschutzstrategien / Conservation Biology

Die Biodiversität konnte als wesentlicher Faktor aller Funktionen des Ökosystems der Erde ausgemacht werden. Daher fokussiert eine Vielzahl von verschiedenen Naturschutzstrategien auf das Erhalten der Biodiversität. Das multidisziplinäre Forschungsfeld der Erhaltungsbiologie nennt diesbezüglich zwei zentrale Ziele. Zum einen soll der Einfluss des Menschen auf die Biodiversität beurteilt werden. Hierzu ist es notwendig, eine Vielzahl von Daten über Anwesenheit der Arten, Populationsgrößen, Bedrohungen etc. zu erheben. Zum anderen müssen anhand der gewonnenen Daten Methoden entwickelt werden, welche das Aussterben von Arten und damit die Verringerung der Biodiversität aufhalten können (Soule et al.

1986). Diese Methoden können wiederum in zwei Kategorien unterteilt werden, die In-Situ- und die Ex-Situ-Schutzmaßnahmen. Ex-Situ-Schutzmaßnahmen finden außerhalb des natürlichen Lebensraumes der Organismen statt. Beispiele hierfür sind Saatgutbanken für Pflanzen und das Züchten von Tieren in der Gefangenschaft (Zoos) mit der Möglichkeit, diese zu einem späteren Zeitpunkt wieder in ihren natürlichen Lebensraum einzuführen. Ex-Situ-Schutzmaßnahmen sind insbesondere in Bezug auf Maßnahmen für Tiere sehr kostspielig und aufgrund des Verlustes von genetischer Vielfalt durch den Gründereffekt[2] sowie der hohen Wahrscheinlichkeit von Inzucht als eher problematisch und suboptimal einzuschätzen (Swingland 2001, S.386). In-Situ-Schutzmaßnahmen beschreiben alle Maßnahmen zum Schutz der Arten in ihrem natürlichen Lebensraum und gelten generell als effektiver in Bezug auf den Erfolg des Artenschutzes und die Ausnutzung der finanziellen Ressourcen. Als Beispiele können hier Naturschutzreservate, Biosphärenreservate und dergleichen genannt werden. Die Naturschutzmaßnahmen, deren Anwendungen im weiteren Verlauf dieser Arbeit erläutert werden, sind allesamt In-Situ-Schutzmaßnahmen.

---

[2] Der Gründereffekt beschreibt die durch Neubesiedlung eines Lebensraumes bewirkte Veränderung im Genpool einer isolierten Population (vgl. www.biologie-lexikon.de)

3 Systematische Naturschutzplanung

Naturschutzreservate wurden bereits gegründet, bevor die systematische Naturschutzplanung formuliert worden war. Mathematisch-formale Kriterien wie die Erhaltung der maximalen Biodiversität spielten bei der Gebietswahl meistens keine Rolle. Die meisten in der Vergangenheit angelegten Naturschutzreservate können in Gebieten gefunden werden, welche für anderweitige Nutzung, wie z.b. die Agrarwirtschaft, ungeeignet waren. Die Gebiete dieser Reservate wurden typischerweise aufgrund ihrer landschaftlichen Schönheit oder Eignung als Urlaubsgebiet bestimmt (Pressey et al. 1993). In anderen Fällen wurden Gebiete für Naturschutzreservate anhand einiger weniger besonders beliebter Spezies festgelegt, ohne garantieren zu können, dass dies die Biodiversität der Region angemessen erhält (Simberloff 1998). Im Allgemeinen kann die Leistungsfähigkeit der älteren Naturschutzreservate – die ersten wurden in den dreißiger Jahren des 19. Jahrhundert ausgewiesen – als sehr dürftig eingeschätzt werden (Possingham et al. 2000, S.291).

3.1 Systematische Naturschutzplanung

Im Vordergrund der Naturschutzplanung steht folgende Frage: „Wie können mit den zur Verfügung stehenden Ressourcen bzw. finanziellen Mitteln so viel Arten wie möglich geschützt werden?" (Myers et al. 2000, S.853). Somit beschreibt Naturschutzplanung den Prozess der Entscheidung, wann, wo und wie die begrenzt zur Verfügung stehenden Ressourcen eingesetzt werden sollten, um einen gegebenenfalls unvermeidbaren Verlust an Biodiversität möglichst effizient zu begrenzen sowie die Funktionen des Ökosystems aufrechtzuerhalten (Pressey et al. 2009, S.464). Das Feld der Naturschutzplanung ist sehr vielfältig. Regierungsorganisationen sowie zivile Einrichtungen entwickelten weltweit eine Vielzahl von verschiedenen Ansätzen. Unterschiede bestehen z.B. sowohl hinsichtlich der eigentlichen Ziele, den Annahmen über „Taxa"-Daten[3] als auch bei der Festlegung von Prioritäten in der Naturschutzplanung. Das hierdurch entstandene breite Spektrum an Vorgehensweisen mag in mancher Hinsicht vorteilhaft sein, führt jedoch mitunter auch zu Unstimmigkeiten zwischen Auftraggebern bzw. Mittelgebern und Natur-

---

[3] Taxa sind Einheiten innerhalb der biologischen Systematik, z.B. Arten (vgl. biologie-lexikon.de)

schutzplanern. Zur Vermeidung bzw. Verringerung der Unstimmigkeiten entwickelten bzw. verfeinerten Pressey et al. (2009, S.464ff) Richtlinien, welche sich in 11 Schritte darstellen:

1. Entscheidungsfindung bezüglich der Planungsteamzusammenstellung, Festlegung des verfügbaren Budgets sowie Kalkulation des notwendigen Budgets.
2. Identifizierung und Einbeziehung der beteiligten Interessensgruppen unter Berücksichtigung, in welchem Maß diese Gruppen Einfluss auf die Erhaltungsmaßnahmen ausüben bzw. von diesen betroffen sind.
3. Beschreibung des sozialen, ökonomischen und politischen Rahmens für die Naturschutzplanung sowie Identifizierung möglicher Bedrohungen der Naturmerkmale, welche durch Erhaltungsmaßnahmen abgemildert werden können.
4. Identifizierung der qualitativen Ziele bezüglich der Biodiversität (Repräsentation, Persistenz), der Ökosystemfunktionen, sowie anderer Ziele.
5. Erhebung von sozioökonomischen Daten wie Rohstoffabbau-Potential, Kosten der Erhaltungsmaßnahmen, spezielle Einschränkungen oder Möglichkeiten der Planung sowie Vorhersage über künftiges Bedrohungspotential.
6. Erhebung von Daten zur Biodiversität und den Naturmerkmalen.
7. Interpretation der Inhalte zur Festlegung quantitativer Schutzziele für alle räumlichen Merkmale.
8. Betrachtung der bereits geschützten Gebiete und Bewertung, in welchem Maße die festgelegten Erhaltungsziele erreicht wurden.
9. Auswahl zusätzlicher Schutzgebiete, welche die bisherigen bezüglich der zu erreichenden Ziele möglichst effektiv ergänzen.
10. Ausführung der Schutzmaßnahmen in den ausgewählten Gebieten.
11. Pflege und Überwachung der Schutzgebiete zur Sicherstellung des langfristigen Erfolges.

Pressey et al. (2009, S.464) kamen zu dem Schluss, dass ein systematisches Vorgehen anhand der genannten elf Richtlinien die Effektivität der getätigten Investitionen in der Naturschutzplanung erhöht. Im weiteren Verlauf dieser Arbeit wird der Schwerpunkt auf Schritt 9 – der Auswahl von Schutzgebieten – liegen. Die gezielte Auswahl von Schutzgebieten wird anhand von Methoden der Operations-Research ermöglicht. Im Kapitel 4 soll auf die hierzu notwendigen mathematischen Modelle sowie deren Anwendung genauer eingegangen werden. Zunächst jedoch ist es sinnvoll, das Konzept der Naturschutzgebiete zu erläutern.

3.2 Anforderungen an ein Reservat

Die „International Union for Conservation of Nature" (IUCN) definiert ein Schutzgebiet als ein See- oder Landgebiet, welches zum Schutz und zur Erhaltung der biologischen Vielfalt sowie der natürlichen und kulturellen Ressourcen eingesetzt und durch gesetzliche oder andere wirksame Maßnahmen verwaltet wird (Davey 1998, S.1). Die Qualität bzw. Leistungsfähigkeit eines Naturschutzreservates hängt von bestimmten Kriterien ab. Kukkala et al. (2013) nennen hier 12 zu beachtende Leitlinien.

1. *Angemessenheit:* soll langfristig das selbstständige Überleben der Arten sichern.
2. *Reichhaltigkeit:* sieht vor, die maximal mögliche Anzahl von Arten zu schützen.
3. *Repräsentativität:* Biodiversität der gesamten Region soll möglichst weitgehend repräsentiert sein.
4. *Repräsentation*: Häufigkeit des Vorkommens einer bestimmten Art im Gebiet.
5. *Komplementarität:* sieht vor, dass zusätzliche Schutzgebiete die Vielfalt der Arten erhöhen müssen.
6. *Bedrohung:* versucht mögliches Bedrohungspotential für Biodiversität bei der Schutzgebietsauswahl zu berücksichtigen bzw. zu mindern.
7. *Vulnerabilität:* misst die Wahrscheinlichkeit eines Verlustes an Biodiversität durch bedrohliche Vorgänge. Anfällige Gebiete tragen hier das höchste Verlustrisiko und, im Falle des Verlustes, den größten negativen Einfluss auf das Gesamtergebnis.
8. *Effizienz:* Die Schutzgebietsauswahl unterliegt einer Ressourcenbegrenzung. Das Konzept der Effizienz sieht vor, den maximalen Nutzen aus diesen Ressourcen zu ziehen, d.h. mit einem gegebenen Budget den maximalen Schutz- oder mit minimalen Budget den Gesamtschutz im Gebiet zu erreichen.
9. *Effektivität:* misst, in welchem Maße die Schutz- bzw. Repräsentationsziele im Gebiet erreicht wurden.

10. *Unersetzlichkeit:* misst den Schutzwert eines Gebietes. Ein vollständig unersetzbares Gebiet trägt entscheidend zum Erfolg der Schutzziele bei, während ein Gebiet mit geringem Wert leicht von anderen Gebieten ersetzt werden kann.

11. *Wiederherstellungskosten:* beschreibt die Kostendifferenz zwischen einer optimalen Lösung ohne Einschränkungen und einer alternativen Lösung mit Einschränkungen.

12. *Flexibilität:* beschreibt die Anzahl möglicher alternativer Schutzgebietskonfigurationen mit gleichem Schutzwert.

Besonders die Punkte Reichhaltigkeit, Repräsentativität, Repräsentation, Komplementarität und Effizienz fließen in die mathematischen Modelle, welche in dieser Arbeit in Kapitel 4 behandelt werden, ein.

Auf den zwölf Prinzipien von Kukkala et al. (2013) aufbauend können spezifische Anforderungen formuliert werden. Von großer Bedeutung für den Erfolg oder Nichterfolg eines Reservates sind z.B. räumliche Kriterien, wie im Folgenden von Williams et al. (2005) beschrieben:

1. *Reservatsgröße:* Unter den Biologen herrscht allgemeine Übereinstimmung darüber, dass ein großes Reservat im Vergleich zu einem kleineren die besseren Resultate erzielt.

2. *Anzahl an Reservaten:* Im Allgemeinen gilt, dass ein großes Reservat vielen kleinen vorzuziehen ist. Es besteht jedoch auch die Möglichkeit, dass unter Umständen die Aufteilung auf wenige große Flächen bessere Resultate erzielen kann als eine einzige sehr große Fläche.

3. *Räumliche Nähe:* Reservatsnetzwerke sind umso effektiver, je näher die einzelnen Reservate zueinander angeordnet sind.

4. *Reservatsvernetzung:* Reservate mit einer Verbindung über einen Korridor zu einem anderen Reservat (sogenannter Biotopverbund) sind leistungsfähiger als jene ohne Verbindung.

5. *Reservatsform:* Die Überlebenswahrscheinlichkeiten der Spezies sind in einem eher organisch geformten Reservat größer als in einem länglich geformten Reservat. Dies liegt in den kürzeren Maximalentfernungen innerhalb des Reservats und der Minimierung von Kanteneffekten begründet, wie z.B. höheren Temperaturen und größere Windanfälligkeit bei Wäldern.

6. *Pufferzonen:* Mindern die negativen Effekte von Menschen außerhalb des Reservats. Deren Effektivität hängt von ihrer Breite im Verhältnis des zu schützenden Gebiets ab.

3.3 Das Konzept UNESCO Biosphärenreservat

Für ein besseres Verständnis der Richtlinien und Konzepte zur Erstellung von Naturschutzreservaten sollen an dieser Stelle die Biosphärenreservate der UNESCO kurz dargestellt werden. Derzeit existieren weltweit 669 von der UNESCO anerkannte und auf insgesamt 120 verschiedene Nationen verteilte Biosphärenreservate. Diese Reservate bilden das sogenannte „World Network of Biosphere Reserves" (WNBR), welches durch das Programm MAB – „der Mensch und die Biosphäre" – ins Leben gerufen wurde (vgl. UNESCO 1996). Die allgemeinen Ziele des MAB sind:

1. Das Feststellen und Einschätzen der Einflüsse des Menschen auf die Biosphäre und *vice versa.*
2. Das Analysieren und Vergleichen der Funktionen des Ökosystems in natürlichen, modifizierten und verwalteten Gebieten.
3. Die Entwicklung von Methoden zur Überwachung und Messung von quantitativen und qualitativen Änderungen der Umwelt.
4. Das Etablieren von Methoden zur Erhebung und Verarbeitung der Taxa-Daten.
5. Die Förderung von Methoden zur Vorhersage von zukünftigen Entwicklungen.
6. Das Bereitstellen von Schulungsmaterial aller Ebenen bzgl. der technischen Ausbildung (auch mit dem Ziel, das globale Bewusstsein für Umweltproblematiken zu schärfen).

Daraus ableitend zeichnen sich Biosphärenreservate durch verschiedene Funktionen aus. Diese können in 3 Kategorien unterteilt werden:

1. *Schutzfunktion*: dient der Erhaltung der genetischen Ressourcen, Arten sowie Ökosystemen und Landschaften.
2. Entwicklungsfunktion: verlangt Nachhaltigkeit in der ökonomischen und menschlichen Entwicklung.

3. Logistische Unterstützung: Förderung von demonstrativen Projekten, Aufklärung und Ausbildung der Bevölkerung sowie Forschung und Überwachung der Schutzmaßnahmen und nachhaltigen Entwicklung (MAB).

Jedes Biosphärenreservat besteht aus einem oder mehreren Kerngebieten. Die Kerngebiete erhalten höchste Schutzpriorität und zeichnen sich durch eine repräsentative Natur sowie eine hinreichende Gebietsgröße für effektiven In-Situ-Schutz aus (vgl. hierzu auch Abschn. 3.2 "räumliche Kriterien"). Die Kerngebiete der Biosphärenreservate lassen sich mit allen unter strengen Naturschutz gestellten Gebieten vergleichen, wie z.B. Nationalparks oder Wildnisgebiete. In diesen Zonen ist eine größere Präsenz von Menschen ausgeschlossen, jedoch kann nicht-invasive Forschung sowie Umweltbeobachtung und Überwachung betrieben werden (Batisse 1986). Die Kerngebiete sind umgeben von Pufferzonen, welche einen Kompromiss aus den Bedürfnissen des Naturschutzes sowie den Bedürfnissen der lokalen Bevölkerung darstellen (Wenjun et al. 1999, S.167). Pufferzonen sollen unterstützend auf die Schutzziele der Kerngebiete einwirken. Aktivitäten sind zugelassen, sofern diese keinen negativen Einfluss auf die Kerngebiete ausüben. Die Pufferzonen wiederum sind von den Übergangszonen umgeben. Im Gegensatz zu den Kern- und Pufferzonen, unterstützen Übergangszonen die Ansiedlungen von Menschen und übernehmen eine Vielzahl von Funktionen. Besonders die Entwicklungsfunktion sei hier genannt, diese sieht kooperative Tätigkeiten zwischen Forschern, Managern und der lokalen Bevölkerung vor (Batisse 1986). Der Idealzustand sieht für die verschiedenen Zonentypen konzentrische Kreise vor, jedoch kann je nach Zustand und lokalen Möglichkeiten davon abgewichen werden. Eine besondere Stärke des Biosphärenkonzeptes ist dessen Flexibilität, mit der es an unterschiedlichste Verhältnisse angepasst werden kann. Abbildung 3 veranschaulicht die verschiedenen Zonen mit ihren jeweiligen Funktionen.

Systematische Naturschutzplanung

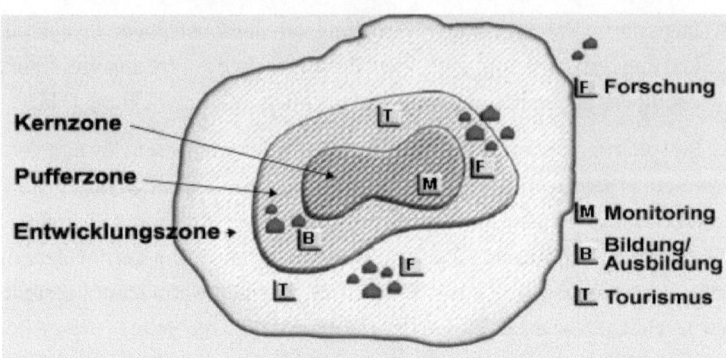

Abbildung 3: Bundesamt für Naturschutz - Biosphärenreservate - Zonierung.

Zur Ermittlung der bestgeeignetsten Flächen für das Biosphärenreservat (auch anderer Naturschutzgebietstypen), bzw. der jeweiligen Zonen, wurden zahlreiche mathematische Verfahren entwickelt. Das Kapitel 4 soll nun einige dieser Verfahren vorstellen.

4 Quantitative Verfahren der Naturschutzplanung

Die vorhergehenden Kapitel sollten ein Verständnis für die Notwendigkeit des Naturschutzes herstellen sowie einen Einblick in die Methoden des Naturschutzes, im Speziellen die systematische Naturschutzplanung, geben. Es wurde gezeigt, dass Naturschutzreservate ein besonders geeignetes Mittel darstellen, um die Biodiversität zu erhalten. Das Anlegen dieser Naturschutzreservate gestaltet sich jedoch sehr aufwändig, verbraucht Ressourcen und kann deshalb nur an bestimmten, ausgesuchten Orten geschehen. Die grundlegende Problematik der Naturschutzplaner lautet hierbei: Wie kann die Auswahl der Gebiete, welche zu Reservaten werden, möglichst effizient erfolgen? Eine Möglichkeit besteht darin, mathematische Verfahren zu entwickeln, welche anhand quantitativer Größen die Eignung der einzelnen Gebiete als Naturschutzreservat ausweisen (Williams et al. 2005). Über verschiedene Prinzipien wie die Seltenheit, Repräsentativität, Kosten, Bedrohungen und anderen, haben alle mathematischen Gebietsselektierungsverfahren ein gemeinsames Prinzip, nämlich die Auswahl des Gebietsnetzes, welches den höchsten Schutzwert bei gegebenen Budget bzw. einen vorgegebenen Schutzwert zu geringsten Kosten liefern kann (Church et al. 1996).

Die Vorgehensweise bei der Auswahl dieser Gebiete offenbarte zahlreiche Parallelen mit dem wesentlich älteren Forschungsfeld der „Standortplanung" (Drezner et al. 2001). So spielen mindestens fünf der grundlegenden Problemklassen in der Standortplanung auch eine wesentliche Rolle bei der Auswahl von geeigneten Gebieten für Naturschutzreservate. Im Einzelnen handelt es sich um „Set Covering Problems", „Maximal Covering Problems", „Backup and Redundante Covering Problems", „Chance Constrained Covering Problems" sowie „Expected Covering Problems". Diese konnten für Belange des Naturschutzes angepasst bzw. weiterentwickelt werden (ReVelle et al. 2002, S.71).

Zur Bestimmung geeigneter Gebiete für Naturschutzreservate sollen in dieser Arbeit die „Backup Species Set Covering Problems" (BSSCP) und „Backup Maximal Covering Species Problems" (BMCSP) vorgestellt werden. Hierzu werden zunächst die zugrundeliegenden Modelle „Species Set Covering Problem" (SSCP) und „Maximal Covering Species Problem, (MCSP) der Naturschutzplanung erläutert und anschließend auf BSSCP und BMCSP erweitert. Schließlich werden die Backup Species Modelle an einem Beispiel erläutert, deren Unterschiede herausgestellt sowie verschiedene Varianten des „Backup Maximal Covering Species Problem" vorgestellt.

4.1 Voraussetzungen der Modelle

Damit die Covering-Modelle auch in der Naturschutzplanung erfolgreich Anwendung finden, müssen einige Voraussetzungen vorliegen bzw. geschaffen werden. Zunächst müssen bestmögliche Informationen über die Biodiversität des interessierenden Gebiets vorliegen (Faith et al. 1996, S.399). Als nächstes muss eine Einteilung des Gebiets in Parzellen erfolgen. Mit anderen Worten: in der Gesamtmenge des Gebietes J muss eine Einteilung in mehrere Teilmengen (den Parzellen) vorgenommen werden. $j \in J$ bedeutet, dass Parzelle j im Gebiet J liegt. Einige oder alle dieser Parzellen stehen für die Auswahl in das Schutzgebiet zur Verfügung. Jede Parzelle j enthält eine oder mehrere Spezies i (Revelle et al. 2002, S.71ff). Die Darstellung der Spezies i in Parzelle j drückt aus, dass ein Interesse besteht, diese Spezies zu schützen. Auch wird angenommen, dass die Anwesenheit einer Spezies i in einer Parzelle j ihre Überlebensfähigkeit voraussetzt. Spezies i hat, so eine weitere Annahme, in jeder Parzelle j die gleiche Überlebenswahrscheinlichkeit (Malcolm et al. 2005, S.100).

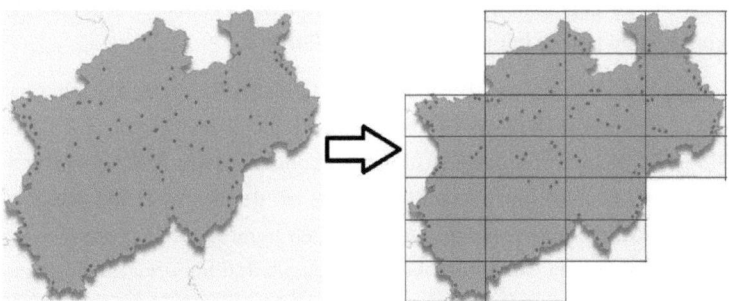

Abbildung 4: Übertragung Fiktives Gebiet in Parzellenraster.

Die Grafik auf der linken Seite (Abbildung 4) zeigt ein fiktives Gebiet J, die roten Punkte stellen das Aufkommen der Spezies i dar. Dieses Gebiet wurde, wie auf der rechten Seite zu sehen, in ein geeignetes Raster von Parzellen eingeteilt. Die Anzahl der Parzellen bzw. die zu wählende Größe liegt hier im Ermessensraum der Naturschutzplaner. Im Allgemeinen gilt: Je kleiner die Parzellen eines Gebietes ausfallen, desto feinere Unterschiede können von den Optimierungsmodellen bezüglich der Bedingungen des Lebensraumes, Vorkommen der Arten etc. berücksichtigt werden. Jedoch steigt dadurch die Anzahl der Parzellen j, und der Rechenaufwand kann erheblich zunehmen.

4.2 Einführung eines Fallbeispiels

Zur Verdeutlichung, wie die in den folgenden Abschnitten vorgestellten Modelle funktionieren, soll zunächst ein selbsterstelltes Beispiel beschrieben werden. Bei einem fiktiven Gebiet besteht aufgrund der dort vorhandenen reichhaltigen Biodiversität das Interesse, ein Schutzreservat zu errichten. Die begrenzten Ressourcen im Naturschutz erlauben es jedoch nicht, das gesamte Gebiet zu schützen. Aufgabe der Naturschutzplaner ist es, eine möglichst effektive Lösung zu ermitteln. Es wurde entschieden, dass hierfür die mathematischen „Überdeckungs-Verfahren" Anwendung finden sollen. Hierzu muss das Gebiet zunächst in Parzellen eingeteilt werden. Diese Parzellen müssen bestimmte Kriterien erfüllen, vgl. hierzu Kapitel 4.1.

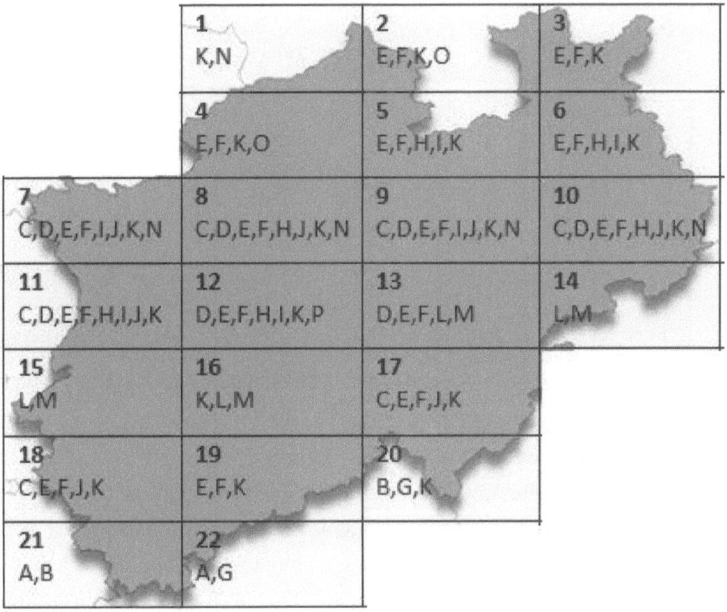

1 K,N	2 E,F,K,O	3 E,F,K	
4 E,F,K,O	5 E,F,H,I,K	6 E,F,H,I,K	
7 C,D,E,F,I,J,K,N	8 C,D,E,F,H,J,K,N	9 C,D,E,F,I,J,K,N	10 C,D,E,F,H,J,K,N
11 C,D,E,F,H,I,J,K	12 D,E,F,H,I,K,P	13 D,E,F,L,M	14 L,M
15 L,M	16 K,L,M	17 C,E,F,J,K	
18 C,E,F,J,K	19 E,F,K	20 B,G,K	
21 A,B	22 A,G		

Abbildung 5: In Parzellen (1-22) eingeteiltes Fiktives Gebiet mit Spezies (A-P).

Die Aufteilung des Gebietes (Abbildung 5) ergab 22 Parzellen. Die im Gebiet J vorhandene Biodiversität enthält 16 verschiedene Spezies (A,B,...,O,P). Das in Parzellen eingeteilte Gebiet und dessen Biodiversität wird nun in eine „Parzellen/Spezies" Matrix übertragen (Tabelle 3):

NR	0	0	1	1	1	1	0	1	1	1	1	0	0	1	0	0	
R	1	1	0	0	0	0	1	0	0	0	0	1	1	0	1	1	
di	0,50	1,00	0,14	0,14	0,07	0,07	0,50	0,17	0,17	0,14	0,06	0,25	0,25	0,20	0,50	1,00	
Spezies	1	2	3	4	5	6	7	8	9	10	11	12	13	14	15	16	
Parzellen	A	B	C	D	E	F	G	H	I	J	K	L	M	N	O	P	SUM
1	0	0	0	0	0	0	0	0	0	0	1	0	0	1	0	0	2
2	0	0	0	0	1	1	0	0	0	0	1	0	0	0	1	0	4
3	0	0	0	0	1	1	0	0	0	0	1	0	0	0	0	0	3
4	0	0	0	0	1	1	0	0	0	0	1	0	0	0	1	0	4
5	0	0	0	0	1	1	0	1	1	0	1	0	0	0	0	0	5
6	0	0	0	0	1	1	0	1	1	0	1	0	0	0	0	0	5
7	0	0	1	1	1	1	0	0	1	1	1	0	0	1	0	0	8
8	0	0	1	1	1	1	0	1	0	1	1	0	0	1	0	0	8
9	0	0	1	1	1	1	0	0	1	1	1	0	0	1	0	0	8
10	0	0	1	1	1	1	0	1	0	1	1	0	0	1	0	0	8
11	0	0	1	1	1	1	0	1	1	1	1	0	0	0	0	0	8
12	0	0	0	1	1	1	0	1	1	0	1	0	0	0	0	0	6
13	0	0	0	1	1	1	0	0	0	0	0	1	1	0	0	0	5
14	0	0	0	0	0	0	0	0	0	0	0	1	1	0	0	0	2
15	0	0	0	0	0	0	0	0	0	0	0	1	1	0	0	0	2
16	0	0	0	0	0	0	0	0	0	0	1	1	1	0	0	0	3
17	0	0	1	0	1	1	0	0	0	1	1	0	0	0	0	1	6
18	0	0	1	0	1	1	0	0	0	1	1	0	0	0	0	0	5
19	0	0	0	0	1	1	0	0	0	0	1	0	0	0	0	0	3
20	0	0	0	0	0	0	1	0	0	0	1	0	0	0	0	0	2
21	1	1	0	0	0	0	0	0	0	0	0	0	0	0	0	0	2
22	1	0	0	0	0	0	1	0	0	0	0	0	0	0	0	0	2
SUM (Ni)	2	1	7	7	15	15	2	6	6	7	17	4	4	5	2	1	101
% Anteil	9,1	4,5	31,8	31,8	68,2	68,2	9,1	27,3	27,3	31,8	77,3	18,2	18,2	22,7	9,1	4,5	

Tabelle 3: Parzellen/Spezies Matrix des Beispielfalls inkl. Gewichtungen.

Die Matrix (vom grauen Bereich umrandet) enthält nun Informationen über Anwesenheit oder nicht Anwesenheit (1 oder 0) einer Spezies i in einer Parzelle j. Die Zeilensummen geben die Anzahl der verschiedenen Arten innerhalb einer Parzelle an. Je höher diese Anzahl ist, desto mehr Spezies können durch Auswahl dieser Parzelle geschützt werden. Die Spaltensummen geben an, wie oft eine Spezies i im gesamten Gebiet vertreten ist (Ausbreitung der Spezies). Je kleiner diese Anzahl ist, desto höher ist das Risiko des Verlustes der entsprechenden Spezies, da im Falle der Zerstörung des jeweiligen Lebensraumes weniger oder keine Kompensationen erfolgen können. Zusätzlich enthält diese Darstellung Angaben über Gewichtungen der Spezies, repräsentiert durch die Parameter di mit $i \in I$; sowie R, NR, welche Unterscheidungen im Schutzwert einer Spezies i ermöglichen sollen. Dabei stellen diese Parameter zwei unterschiedliche Methoden der Gewichtung dar. Methode 1 sieht vor, jede Spezies mit einer individuellen Gewichtung di zu versehen. Methode

2 partitioniert die Menge der Spezies durch die Parameter R, NR in zwei Teilmengen. Diese finden in den Standardmodellen jedoch keine Berücksichtigung und werden nur für die späteren Erweiterungen benötigt. Eine genauere Erläuterung dieser Gewichtungsparameter erfolgt erst im Kapitel 4.5.4.2.

Im weiteren Verlauf dieser Arbeit soll auf dieses Beispiel wiederholt zurückgegriffen werden, um damit die Funktionsweise und Unterschiede der jeweiligen Modelle herauszustellen und zu erläutern. Diese Modelle wurden mithilfe des Solvers in Microsoft Excel dargestellt. Die Vorgehensweise der Darstellung solcher Modelle mittels Excel wird im Anhang erläutert, welche die Darstellung des in Kapitel 4.5.4.1 vorgestellten Modells stellvertretend für alle Modelle beschreibt.

4.3 Species Set Covering-Probleme in der Naturschutzplanung

Das „Set Covering Problem" (SCP) der Standortplanung wurde erstmals von Toregas et al. (1971) formuliert. Mit ihm wird es möglich, die geringste Anzahl von Versorgungseinrichtungen zu ermitteln, welche zur Deckung des Bedarfs aller Nachfrageknoten innerhalb einer maximalen Distanz oder Zeit notwendig sind. Typische Anwendungsgebiete für Set Covering-Probleme sind all jene, welche eine totale Abdeckung des Bedarfs erfordern, wie z.B. die Errichtung von Feuerwehrdienststellen, Notfalleinrichtungen und Polizeidienststellen (Owen et al. 1998). Das „Species Set Covering Problem" (SSCP) oder auch „Minimal Repräsentationsproblem" wurde 1988 von Margules et al. beschrieben, 1993 schließlich von Possingham et al. formuliert und ist eine Adaption des „Set Covering Problems" auf die Problematik der Naturschutzplanung. Im Folgenden soll das SSCP als Grundlage des Backup-SSCP vorgestellt werden.

4.3.1 Das Species Set Covering Problem (formal)

Nach Pressey et al. (1993) sollte ein Naturschutzreservat die höchstmögliche Biodiversität erhalten. Demnach muss das Gebiet des Reservates jede Speziespopulation des betrachteten Gesamtgebietes mindestens einmal repräsentieren. Die hierfür benötigten Flächen unterliegen verschiedensten Einschränkungen (z.B. Opportunitätskosten der wirtschaftlichen Nutzung). Daher liegt es nahe, diejenigen Flächen zu wählen, welche die vollständige Biodiversität zu minimalen Kosten repräsentieren (Pressey et al. 1993). Das „Species Set Covering Problem" löst – wie auch das „Set Covering Problem" – genau diese Art von Problemstellung, da es eine vollständige Abdeckung bei minimalem Aufwand vorsieht. Im Bereich der Naturschutzplanung wird hier die Abdeckung jeder einzigartigen Spezies durch mindestens einer zum Reservat bestimmten Parzelle (im folgenden „Reservatsparzelle" genannt), in der diese Spezies vorkommt, verstanden. Ziel ist es, die vollständige Biodiversität mit minimalem Aufwand (Reservatsparzellen) zu erhalten. Die ausgewählten Parzellen werden an ein bestehendes Naturschutzreservat angliedert bzw. für ein neues Naturschutzreservat bestimmt (Hamaide et al. 2009). Das SSCP kann mathematisch mit folgenden Variablen formalisiert werden:

i, I beschreibt die Teilmenge und Menge der schutzbedürftigen Spezies

j, J beschreibt die Teilmenge und Menge der zur Verfügung stehenden Parzellen

N_i beschreibt die Menge der Parzellen j, welche Spezies i beinhalten.

x_j ist eine binäre Entscheidungsvariable, diese nimmt den Wert 1 an, wenn die Parzelle zum Schutz ausgewählt wurde (Reservatsparzelle) und den Wert 0, falls diese nicht ausgewählt wurde.

Das ganzzahlige Optimierungsmodell lässt sich wie folgt beschreiben:

$$min \sum_{j \in J} x_j \quad (1)$$

$$u.d.N. \sum_{j \in N_i} x_j \geq 1, \; alle \; i \in I, \quad (2)$$

$$x_j = [0,1]. \quad (3)$$

(1) stellt die Zielfunktion des Modells dar. Es wird versucht, die Anzahl der für das Reservat benötigten Parzellen zu minimieren. (2) sind Nebenbedingungen. Diese stellen sicher, dass jede Spezies i des Gesamtgebietes J in mindestens einer Reservatsparzelle x_j ansässig und somit geschützt ist. Restriktion (3) legt fest, dass die Variablen x_j nur die Werte 0 oder 1 annehmen können. Das SSCP kann nur eine Aussage darüber treffen, wie viele Parzellen notwendig sind, um alle Spezies zu schützen. Es sind keine Abstufungen vorgesehen, falls es mehrere Lösungen gibt. Im Umkehrschluss ist jedoch auch bekannt, welche Parzellenanzahlen unzureichend sind. Da auch in der Naturschutzplanung wirtschaftliche Umstände Berücksichtigung finden müssen, stellt das SSCP eher ein „idealistisches" und in der Praxis weniger taugliches Modell (in seiner Standardform) dar.

4.3.2 Species Set Covering Problem am Beispiel

Das SSCP wurde auf das Beispiel aus Kapitel 4.2 übertragen und in Excel modelliert. Mittels linearer Optimierung (Simplex Algorithmus) konnte folgende Lösung ermittelt werden (Tabelle 4):

		Spezies															Abdeckung
P	Reservatsparzelle	A	B	C	D	E	F	G	H	I	J	K	L	M	N	O	P	
7	2,9,11,14,17,21,22	2	1	3	2	4	4	1	1	2	3	4	1	1	1	1	1	16

Tabelle 4: Excel Solver Lösung des Beispielfalls mit SSCP.

Die optimale Lösung weist aus, dass die maximale Biodiversität des gesamten Gebietes mit einem Schutzgebiet, welches mindestens 7 Parzellen umfasst, erhalten werden kann. Hier wurden vom *Excel Solver* die Parzellen 2, 9, 11, 14, 17, 21 und 22 als optimales Schutzgebiet ausgewählt, es können jedoch noch andere optimale Lösungen mit 7 Parzellen existieren. In diesem Beispiel kann mit dem SSCP keine zulässige Lösung mit weniger als 7 Parzellen ermittelt werden, da eine komplette Abdeckung der Spezies nur ab 7 Parzellen erreicht werden kann. Daher stellt sich die Frage der Vorgehensweise, wenn die zur Verfügung stehenden Ressourcen nicht für 7 Parzellen reichen sollten. Für die Belange der Naturschutzplanung nützlicher sind daher die im Folgenden vorgestellten Maximal Covering-Probleme, da diese Lösungen in Bezug auf gegebene Ressourcen ermitteln.

4.4 Maximal Covering Species Problem

Ein Problem des „Set Covering Problems" (somit auch für das SSCP) ist, dass es die totale Abdeckung der Nachfrage, unabhängig der dafür benötigten Menge an Ressourcen, verlangt. Abhilfe verschafft hier das Maximal Covering Location Problem (MCLP) aus der Standortplanung, welches 1974 von Church und Revelle formuliert wurde. Das MCLP beachtet den Umstand, dass die benötigten Ressourcen für eine totale Abdeckung evtl. nicht ausreichen könnten (Revelle et al. 2002). Das MCLP versucht, die maximal mögliche Abdeckung mit den zur Verfügung stehenden Ressourcen zu erreichen. Es beantwortet die Frage, wie viele Anlagen (z.B. in einem Netzwerk aus Knoten) installiert werden müssen, um bestimmte öffentliche Aufgaben zu erfüllen. Welcher maximale Output an nachgefragten Beobachtungsdaten lässt sich innerhalb einer bestimmten Zeit in einem abgegrenzten Ort erreichen? Anwendungen können hier z.B. im Bereich Einzelhandel (Positionsbestimmung der Filiale, um maximale Kundschaft zu erreichen), oder auf Bahnhöfen / in Museen (Aufstellung von Kameras zur Überwachung einer maximalen Anzahl von

Menschen) gefunden werden. In der Naturschutzplanung wurde dieses Modell aufgegriffen und durch verschiedene Modifizierungen das "Maximal Covering Species Problem" formuliert (vgl. Church et al. 1996; Camm et al. 1996). Im Folgenden soll das MCSP als Grundlage des Backup MCSP vorgestellt werden.

4.4.1 Das Maximal Covering Species Problem Formal

Das MCSP beachtet – wie auch das MCLP – die Begrenztheit der Ressourcen. So versucht es nicht, die gesamte Biodiversität zu erhalten, sondern lediglich die maximal mögliche Biodiversität mit den zur Verfügung stehenden Ressourcen (Landflächen). Für das MCSP gilt die gleiche Notation wie für das SSCP, zusätzlich werden folgende Variablen eingeführt:

p ist die Anzahl der Parzellen, welche Reservatsstatus erhalten können;

y_i ist eine binäre Entscheidungsvariable, diese nimmt den Wert 1 an, wenn Spezies i in einer Parzelle der Menge N_i anwesend ist und diese zum Schutz ausgewählt wurde, 0 falls nicht.

Formal ergibt sich folgender Zusammenhang:

$$max \sum_{i \in I} y_i \quad (4)$$

$$u.d.N. \sum_{j \in N_i} x_j \geq y_i, \forall\ i \in I, \quad (5)$$

$$\sum_{j \in J} x_j = p, \quad (6)$$

$$x_j, y_i = [0,1]. \quad (7)$$

Die Zielfunktion (4) maximiert die Anzahl der einzigartigen Spezies, welche über die Reservatsparzellen der Menge N_i geschützt werden. Lediglich eine zusätzlich erfasste Spezies i kann den Zielfunktionswert erhöhen. Eine mehrfache Erfassung bzw. Abdeckung der gleichen Spezies i, wird den Zielfunktionswert nicht erhöhen. Dabei legt Restriktion (5) fest, dass Spezies i als geschützt zu betrachten ist, sofern mindestens eine Parzelle der Menge N_i, in der sich die Spezies i befindet, zum Schutz ausgewählt wurde (Snyder et al. 2016). Eine Besonderheit der Restriktion (5) ist, dass eine Entscheidungsvariable (y_i) von einer anderen Entscheidungsvariable (x_j) abhängt. Nur wenn die Entscheidungsvariable $x_j = 1$ ist, kann y_i den Wert 0 oder 1 annehmen; ist die Entscheidungsvariable $x_j = 0$, muss y_i den Wert 0 annehmen. Die Begrenztheit der für die Reservatsbildung zur Verfügung stehenden Ressourcen wird durch Restriktion (6) berücksichtigt. Der Wert p gibt hier an, wie viele Parzellen für das Reservat ausgewählt werden können. Dieser Wert wird festgelegt und kann in Abhängigkeit der für die Reservatsbildung zur Verfügung stehenden Ressourcen variiert werden (vgl. Ando et al. 1998; Camm et al. 1996). Restriktion (7) verlangt, dass die Entscheidungsvariablen x_j und y_i ganzzahlig/binär sein müssen.

4.4.2 Maximal Covering Species Problem am Beispiel

Folgende Darstellung (Tabelle 5) zeigt die Lösungen von 6 Iterationen im *Excel Solver*, bis die vollständige Abdeckung erreicht wurde:

P	Reservatsparzelle	A	B	C	D	E	F	G	H	I	J	K	L	M	N	O	P	Abdeckung
0	keine	0	0	0	0	0	0	0	0	0	0	0	0	0	0	0	0	0
1	8	0	0	1	1	1	1	0	1	0	1	1	0	0	1	0	0	8
2	7,21	1	1	1	1	1	1	0	0	1	1	1	0	0	1	0	0	10
3	7,14,21	1	1	1	1	1	1	0	0	1	1	1	1	1	0	0	0	12
4	9,11,14,21	1	1	1	1	1	1	0	1	1	1	1	1	1	0	0	0	13
5	4,9,13,17,21	1	1	1	1	1	1	0	0	1	1	1	1	1	1	1	1	14
6	4,9,13,17,21,22	1	1	1	1	1	1	0	1	1	1	1	1	1	1	1	1	15
7	4,6,7,13,17,21,22	1	1	1	1	1	1	1	1	1	1	1	1	1	1	1	1	16

Tabelle 5: Excel Solver Lösung des Beispielfalls mit MCSP.

Es ist zu erkennen, dass Ressourcen für nur eine Reservatsparzelle eine Abdeckung von 8 von insgesamt 16 Spezies erreichen. In diesem Beispiel stellen die Parzellen mit 8 verschiedenen Spezies jene dar, welche die meisten Spezies beinhalten. Jedoch sind diese in der Zusammenstellung (Spezies *i*) nahezu identisch. Daher wird die Wahl einer weiteren Reservatsparzelle wahrscheinlich nicht auf eine „8er" Parzelle fallen, da diese die Abdeckung der verschiedenen Spezies nicht oder nur geringfügig erhöhen könnte. Nach der sprunghaften Abdeckung von 8 Spezies mit der ersten Reservatsparzelle führt in diesem Beispiel das Hinzufügen weiterer Reservatsparzellen zu einem Anstieg der Abdeckung um 2 Spezies pro weitere Reservatsparzelle. Ab der vierten Reservatsparzelle steigt die Abdeckung nur noch um 1 Spezies pro weitere Reservatsparzelle, bis schließlich mit 7 Reservatsparzellen die maximale einmalige Abdeckung der Spezies *i* erreicht wird. Lösungen mit mehr als 7 Parzellen können in diesem Beispiel den Zielfunktionswert des MCSP nicht weiter erhöhen, da dieses nur eine einmalige Abdeckung aller Spezies *i* verlangt und betrachtet. Mehrfachabdeckungen sind möglich, bleiben jedoch unberücksichtigt.

4.5 Backup Species Covering Probleme

Ein Problem der „Set Covering-" als auch der „Maximal Covering Location-Probleme" (Standortplanung) ist der Umstand, dass Risiken und Unsicherheiten nicht berücksichtigt werden. So können z.B. Notrufe unerwartet drastisch zunehmen, so dass die zur Verfügung stehenden Krankenwagen oder Polizeieinheiten bei einer einfachen Abdeckung des Nachfrageknotens nicht ausreichen, um die Nachfrage in der gewünschten Zeit zu decken (Pirkul et al. 1989). Um diesen Anforderungen entsprechen zu können, wurde von Hogan und Revelle (1986) das Konzept der „Backup and Redundant Covering Modelle" in die Standortplanung eingeführt. Nach Hogan und Revelle (1986, S.1434) wird unter „Backup-Abdeckung" die Versorgung eines Nachfrageknotens durch eine zusätzliche Einrichtung verstanden (doppelte Abdeckung). Die Versorgungskapazität dieser Einrichtung ist dann gleich der Nachfrage des Nachfrageknotens. Eine redundante Abdeckung verallgemeinert dies und verlangt eine Abdeckung des Nachfrageknotens i um k_i male, wobei $k_i \geq 1$ sein muss. Das Konzept der Backup und der redundanten Abdeckung kann sowohl auf „Set Covering-" als auch auf „Maximal Covering Location Problems" übertragen werden (Revelle et al. 2002 S.75).

Im Bereich der Naturschutzplanung können sowohl das SSCP als auch das MCSP Lösungen generieren, bei denen eine Spezies mehrfache Abdeckung (in mehreren Reservatsparzellen ansässig) erhält. Da dies jedoch nicht von den Modellen gefordert wird, erhalten die Lösungen mit (zufälliger) Mehrfachabdeckung einer Spezies keinen höheren Zielfunktionswert. Einzig die Abdeckung oder Nicht-Abdeckung der Spezies wird berücksichtigt. Um gezielt eine Doppelt- oder Mehrfachabdeckung der Spezies zu erreichen, wurde das Backup- und Redundant Covering-Konzept aus der Standortplanung übernommen und die entsprechenden Modelle in der Naturschutzplanung von Malcolm und Revelle (2005) angepasst. Doch besteht überhaupt eine Notwendigkeit von Backup Redundanten Modellen im Naturschutz?

4.5.1 Gründe für Backup und Redundanz in der Naturschutzplanung

Das Hauptziel in der Naturschutzplanung ist die langfristige Erhaltung der Biodiversität (vgl. hierzu Kapitel 2 und 3). Durch das Schützen des Lebensraumes der interessierenden Spezies kann dieses Ziel erreicht werden. Hierbei bestehen jedoch verschiedenste Unsicherheiten und Risiken, welche die Überlebensfähigkeit der betrachteten Spezies im geschützten Gebiet nachteilig beeinflussen können.

„Backup and Redundante Covering Modelle" versuchen, diese Risiken auszuschalten bzw. zu vermindern. Zur Verdeutlichung, dass diese Modelle im Naturschutz notwendig sind, sollen die 4 wesentlichen Risiken bzw. Unsicherheiten der Überlebensfähigkeit der Spezies nach Shaffer (1981, S.131) vorgestellt werden:

1. *Demographische Unsicherheit:* hierunter werden zufällige Ereignisse verstanden, welche die Überlebensfähigkeit sowie Fortpflanzungsfähigkeiten beeinflussen.
2. *Umweltbedingungen:* Diese können sich durch zufällige bzw. durch unvorhersehbare Ereignisse verändern. Beispiele hierfür sind Änderungen im Zusammenhang mit dem Wetter, der Nahrungsversorgung, der Raubtiere etc.
3. *Naturkatastrophen*: Waldbrände, Fluten oder dergleichen können die Lebensräume (z.B. die betroffenen Parzellen in Reservaten) für die dort ansässigen Spezies unbrauchbar machen.
4. *Genetische Unsicherheit:* Zufällige Änderungen in den Genen durch z.B. den Gründereffekt oder Inzucht können ebenfalls die Überlebens- und Fortpflanzungswahrscheinlichkeit der Spezies ändern.

Laut Malcolm und Revelle (2005, S.99) ist bei der Bestimmung von Reservatsparzellen mit den Modellen SCSP und MCSP zu erwarten, dass gerade die selten vorkommenden Spezies in nur einer Parzelle des Reservates erfasst wurden. Sollte eines (oder alle) der zuvor genannten vier Risiken eintreten, könnte dies den Verlust der Spezies im gesamten Reservat bedeuten. Durch die Erweiterung der SSCP- und MCSP-Modelle auf Backup bzw. Redundanz wird dieses Risiko begrenzt.

4.5.2 Backup Species Set Covering Problem

Im Falle einer Naturkatastrophe oder bei anderen Ereignissen, welche das Überleben der Spezies im Reservat gefährden könnten, soll dieses Risiko durch die Erweiterung des SSCP um die Parameter Backup bzw. Redundanz vermindert werden. Grundgedanke ist hier, dass die Forderung einer doppelten oder k_i-fachen Erfassung aller Spezies im Reservat deren Überleben ermöglicht – auch im Falle des Auftretens der zuvor genannten Unsicherheiten. Das „Backup Species Set Covering Problem" (BSSCP) ist in fast allen Punkten identisch mit dem SSCP, lediglich die rechte Seite der Restriktion (2) muss angepasst werden. Es gilt die gleiche Notation, wie in Kapitel 4.3.1 eingeführt, so dass das BSSCP formal folgendermaßen dargestellt werden kann:

$$\min \sum_{j \in J} x_j \quad (8)$$

$$u.\,d.\,N. \sum_{j \in N_i} x_j \geq 2,\ alle\ i \in I, \quad (9)$$

$$x_j = [0,1]. \quad (10)$$

Die Zielfunktion (8) ist identisch mit dem SSCP und versucht, die Anzahl der für das Reservat benötigten Parzellen zu minimieren. Restriktion (9) wurde auf der rechten Seite entsprechend angepasst, so dass jede Spezies *i* des Gesamtgebietes *J* in mindestens zwei statt einer Reservatsparzelle x_j geschützt ist. Dies stellt den sogenannten Backupschutz dar. Restriktion (3) bleibt unverändert und legt fest, dass die Variablen x_j nur die Werte 0 und 1 annehmen können. Die Restriktion (9) kann auch auf Redundanz erweitert werden (9r). Hier wird die rechte Seite derart angepasst, dass jede Spezies *i* des Gesamtgebietes *J* in mindestens k_i Reservatsparzellen x_j geschützt ist. Hierbei muss $k_i \geq 1$ sein.

$$\sum_{j \in N_i} x_j \geq k_i,\ \forall\ i \in I \quad (9r)$$

Backup Species Set Covering Problem am Beispiel

Folgende Darstellung (Tabelle 6) zeigt den Lösungsversuch des Beispiels mittels BSSCP-Modell im *Excel Solver*:

P	Reservatsparzelle	Spezies															Abdeckung
		A	B	C	D	E	F	G	H	I	J	K	L	M	N	O	P	
12	2,4,5,7,8,9,14,15,17,20,21,22	1	0	1	1	1	1	1	1	1	1	1	1	1	1	1	0	14

Tabelle 6: Excel Solver Lösung des Beispielfalls mit BSSCP.

In diesem Beispiel verlangt das BSSCP im Unterschied zum SSCP eine doppelte (oder k_i - fache) Abdeckung der Spezies *i*. Daher erzeugt eine zulässige Lösung mittels BSSCP eine Mehrfachabdeckung von 16 Spezies. Diese konnte für alle Spezies außer Spezies B und P erreicht werden. Spezies B und P kommen lediglich in einer Parzelle des gesamten Beispielgebiets vor. Deshalb kann für diese Spezies keine Mehrfachabdeckung erfolgen und somit die Restriktion (9) nicht eingehalten werden. Die hier gezeigte „Lösung" stellt daher nur die maximal mögliche Annäherung an die optimale Lösung dar, bis aufgrund der Nichteinhaltung der Restriktion (9) das Lösungsverfahren abgebrochen werden muss. Somit stellen das BSSCP wie auch das SSCP zwei doch sehr „idealistische" Modellierungsversuche dar, da sie ohne Rücksicht auf zur Verfügung stehende Ressourcen die gesamte Biodiversität einfach bzw. mehrfach zu erhalten versuchen. Dies mag aus der Perspektive der Naturschützer durchaus wünschenswert sein, jedoch ist diese Sichtweise eher realitätsfern, da die wirtschaftlichen Kosten des Naturschutzes außer Acht gelassen und die Umsetzbarkeit somit in Frage gestellt werden muss. Das MCSP greift diesen Punkt auf und operiert ressourcenorientiert. Im folgenden Abschnitt soll die Backup Variante des MCSP vorgestellt werden.

4.5.3 Backup Maximal Covering Species Problem (S1)

Da das MCSP im Gegensatz zum SSCP die Begrenztheit der Ressourcen in der Naturschutzplanung berücksichtigt, stellt es ein besonders nützliches Werkzeug bei der Bestimmung von Reservatsgebieten dar. Aus diesem Grunde wurden zahlreiche Erweiterungen für das MCSP entwickelt, welche u.a. die Qualität des Lebensraumes (vgl. Church et al. 2000), oder den räumlichen Zusammenhang (vgl. Williams et al. 2005) berücksichtigen. Um die Risiken durch Unsicherheiten zu minimieren, wurden die Parameter Backup und Redundanz ebenfalls als Erweiterung in das MCSP-Modell integriert. Aufgrund der zuvor erwähnten besseren Praxisbezogenheit des MCSP wurde dessen Backup-Version wiederum um zahlreiche Varianten erweitert.

Die Standardvariante des „Backup Species Set Covering Problem" (BMCSP, in weiteren Tabellen auch als „S1" bezeichnet) betrachtet jede Spezies als gleichwertig; so wird auch hier nicht zwischen seltenen und nicht seltenen Spezies unterschieden (Malcolm et al. 2005, S.101). Zur formalen Darstellung des BMCSP sollen wieder die bereits eingeführten Notationen aus den Abschnitten 4.3.1 und 4.4.1 gelten und zusätzlich folgende Entscheidungsvariable eingeführt werden:

u_i ist eine binäre Entscheidungsvariable, diese nimmt den Wert 1 an, wenn Spezies i in mindestens zwei Parzellen der Menge N_i anwesend ist und den Wert 0, falls nicht.

Damit kann das BMCSP wie folgt formal dargestellt werden:

$$max \sum_{i \in I} u_i \quad (11)$$

$$u.d.N.: u_i \leq \sum_{j \in N_i} x_j - 1, \forall i \in I, \quad (12)$$

$$\sum_{j \in J} x_j = p, \quad (13)$$

$$x_j, u_i = [0,1]. \quad (14)$$

Mit der Zielfunktion (11) wird bezweckt, die Summe der Entscheidungsvariablen u_i zu maximieren. Diese wiederum trifft nur eine Aussage darüber, ob Spezies i Backupschutz (zwei- oder mehrfache Abdeckung) erhält oder nicht. Im BMCSP wird somit lediglich das Backup maximiert. Auch hier hat die Abdeckung mehrerer Populationen der gleichen Spezies i (mehr als 2 Populationen) keinen Einfluss auf den Zielfunktionswert. Durch Restriktion (12) gilt eine Spezies i als abgedeckt, wenn diese in mindestens zwei der zum Schutz ausgewählten Parzellen aus der Menge N_i vertreten ist. Dies wird dadurch erreicht, dass die Summen x_j aus der Menge N_i, also der jeweiligen geschützten Spezies i, um den Wert 1 reduziert werden. Da die Summe der binären Entscheidungsvariablen u_i maximiert wird, aber kleiner / gleich der Summen der Spezies i sein muss, können diese nur den Wert 1 annehmen, wenn die entsprechende Spezies i mindestens zweimal abgedeckt wurde (d.h. Backup hat). Wurde Spezies i nur einmal geschützt, so kann durch die zuvor erwähnte Subtraktion die Variable u_i nur den Wert 0 annehmen Da Variable u_i wie auch x_j durch Restriktion (14) nur 0 oder 1 sein darf, muss jede Spezies i mindestens einmal geschützt sein. Denn in dem Falle, dass Spezies i keinerlei Abdeckung erfährt, ergibt die Subtraktion einen negativen Wert (-1), womit gegen (14) verstoßen werden würde. Somit erfordert das BMCSP eine mindestens einmalige Abdeckung jeder Spezies i (vollständige Primärabdeckung) und strebt die Maximierung der doppelten / mehrfachen Abdeckung an. Restriktion (13) des BMCSP ist identisch mit der des MCSP und begrenzt die Ressourcen in Form der für Reservate auswählbaren Parzellen um den Wert p.

4.5.3.1 Backup Maximal Covering Species Problem am Beispiel

Zur Verdeutlichung der genannten Sachverhalte soll hier die Lösung des Beispielfalls mittels BMCSP im *Excel Solver* wiedergegeben werden (Tabelle 7):

P	Reservatsparzelle	\multicolumn{16}{c}{Spezies - Backup}	Backup Abdeckung
		A	B	C	D	E	F	G	H	I	J	K	L	M	N	O	P	
0	keine	0	0	0	0	0	0	0	0	0	0	0	0	0	0	0	0	0
1	keine	0	0	0	0	0	0	0	0	0	0	0	0	0	0	0	0	0
...6	keine	0	0	0	0	0	0	0	0	0	0	0	0	0	0	0	0	0
7	2,7,11,14,17,21,22	1	0	1	1	1	1	0	0	1	1	1	0	0	0	0	0	8
8	2,7,8,14,15,17,21,22	1	0	1	1	1	1	0	0	0	1	1	1	1	0	0	0	10
9	2,5,7,8,14,15,17,21,22	1	0	1	1	1	1	0	1	1	1	1	1	1	0	0	0	12
10	2,4,5,7,8,14,15,17,21,22	1	0	1	1	1	1	0	1	1	1	1	1	1	1	0	0	13
11	2,4,5,7,8,14,15,17,20,21,22	1	0	1	1	1	1	1	1	1	1	1	1	1	1	1	0	14

Tabelle 7: Excel Solver Lösung des Beispielfalls mit BMCSP (S1).

Es ist ersichtlich, dass für „p"-Werte von 0 bis 6 keine Lösungen ermittelt werden konnten, da diese Ressourcen nicht ausreichen, um eine Primärabdeckung aller Spezies zu erzielen. Die Restriktion (12) kann mit weniger als $p = 7$ Reservatsparzellen nicht eingehalten werden. Ab $p = 7$ werden gültige Lösungen generiert, da eine vollständige Primärabdeckung erreicht wird. Mit $p = 7$ wird eine Backup Abdeckung für 8 Spezies erreicht. Diese steigt bis $p = 11$ auf 14 Backup-Abdeckungen an. Eine vollständige Backup-Abdeckung aller Spezies kann nicht erzielt werden, da Spezies B und P jeweils in nur einer Parzelle j des gesamten Gebietes J vorkommen.

4.5.4 Varianten des BMCSP

Es wurde festgestellt, dass das BMCSP eine einfache Abdeckung aller einzigartigen Spezies i verlangt. Hierbei handelt es sich um die sogenannte Primärabdeckung. Die Backup-Abdeckung, d.h. das mindestens zweifache Schützen der Spezies i, ist hier der zu optimierende Zielfunktionswert. Sowohl bei Primärabdeckung als auch bei der Backup-Abdeckung ist im BMCSP-Standardmodell in Bezug auf die Menge der Spezies i keine Unterscheidung bzw. Priorisierung vorgesehen. Diese Formulierung macht das BMCSP-Standardmodell recht unflexibel. So kann es von Vorteil sein, Unterscheidungen in der Menge der Spezies i vorzunehmen, um unterschiedliche Prioritäten bezüglich der Spezies *i* in Primärabdeckung und Backup-Abdeckung einfließen zu lassen. Auch ist es möglich, das Kriterium der Primärabdeckung zu relaxieren. Diese Variante wird im folgenden Abschnitt vorgestellt.

4.5.4.1 Variante 1: BMCSP mit relaxierter Primärabdeckung (V1)

Die Forderung des BMCSP-Standardmodells, eine komplette Primärabdeckung zu erzielen, kann zu einer Nichtlösbarkeit innerhalb des Modells führen. Um diesen Fall entgegenzuwirken, kann das Modell-Kriterium der totalen Primärabdeckung relaxiert werden. Durch diese Vorgehensweise erfordert die Lösung keine Primärabdeckung einer bestimmten Spezies. (Diese Erweiterung des BMCSP soll für weitere Tabellen V1 genannt werden). Die formale Darstellung folgt wieder der in den Abschnitten 4.3.1, 4.4.1 und 4.5.3 eingeführten Notation:

$$max \sum_{i \in I} u_i \quad (15)$$

$$\text{u.d.N.:} u_i + y_i \leq \sum_{j \in N_i} x_j, \forall i \in I, (16)$$

$$u_i \leq y_i, \forall i \in I, \quad (17)$$

$$\sum_{j \in J} x_j = p, \quad (18)$$

$$x_j, u_i = [0,1]. \quad (19)$$

Die Zielfunktion (15) ist identisch mit der des BMCSP und versucht die Anzahl der Spezies mit doppelter oder mehrfacher Abdeckung zu maximieren. Zur Relaxierung des Modells wurde die Restriktion (12) des BMCSP durch die Restriktionen (16) und (17) ersetzt. Die Wiedereinführung der Entscheidungsvariable y_i, welche die Primärabdeckung darstellt, ermöglicht es diesem Modell, im Optimierungsprozess über den Ausprägungsgrad der Primärabdeckung selbst zu entscheiden. Ist die Summe der linken Seite der Restriktion (16) gleich zwei ($u_i + y_i = 2$), so heißt das, dass Primär- und Backup-Abdeckung für Spezies *i* vorliegt. In dem Fall müssen zwei oder mehr Parzellen der rechten Seite die Spezies *i* beinhalten. Liegt nur eine Primärabdeckung vor ($u_i = 0; y_i = 1$), dann muss Spezies *i* auf der rechten Seite der Restriktion (16) in mindestens einer Parzelle vertreten sein. Restriktion (17) verlangt, dass über eine mehrfache Abdeckung der Spezies *i* nur entschieden werden kann, sofern mindestens eine Primärabdeckung der Spezies *i* vorliegt. Restriktion (18) und (19) sind in Form und Funktion identisch mit dem BMCSP (vgl. Abschn. 4.5.3).

Das BMCSP mit relaxierter Primärabdeckung (V1) am Beispiel

Zur Verdeutlichung der genannten Sachverhalte sei an dieser Stelle die Lösung des Beispielfalls mittels relaxierten BMCSP im *Excel Solver* wiedergegeben (Tabelle 8):

P	Reservatsparzelle	Spezies - Backup															Backup Abdeckung
		A	B	C	D	E	F	G	H	I	J	K	L	M	N	O	P	
0	keine																	0
1	14	0	0	0	0	0	0	0	0	0	0	0	0	0	0	0		0
2	7,9	0	0	1	1	1	1	0	0	1	1	1	0	0	1	0	0	8
3	5,7,8	0	0	1	1	1	1	0	1	1	1	1	0	0	1	0	0	9
4	7,9,14,15	0	0	1	1	1	1	0	0	1	1	1	1	1	1	0	0	10
...8	6,7,8,13,14, 20,21,22	1	0	1	1	1	1	1	1	1	1	1	1	1	1	0	0	13
9	2,4,6,7,8,13,14, 20,22	0	0	1	1	1	1	1	1	1	1	1	1	1	1	1	0	13
10	2,4,6,8,9,13,14, 20,21,22	1	0	1	1	1	1	1	1	1	1	1	1	1	1	1	0	14

Tabelle 8: Excel Solver Lösung des Beispielfalls mit BMCSP (V1).

Aufgrund der relaxierten Primärabdeckung (d.h., dass eine Primärabdeckung nicht unbedingt erforderlich ist) können für das Beispiel gültige Lösungen für alle p-Werte (0 bis 22) ermittelt werden. Die erste Backup-Abdeckung wird mit 2 Reservatsparzellen ($p = 2$) erreicht. Diese umfasst 8 Spezies. Es können maximal 14 Spezies Backup-Abdeckung erhalten, welche mit 10 Parzellen ($p = 10$) erreicht wird. P-Werte größer als 10 können hier den Zielfunktionswert nicht weiter erhöhen, da dieser lediglich Backup-Abdeckungen berücksichtigt. Eine gezielte Maximierung der Primärabdeckung ist in diesem Modell nicht möglich, da diese kein Kriterium der Zielfunktion bildet.

Die Relaxierung des BMCSP kann jedoch auch anhand einer Unterscheidung innerhalb der Menge der Spezies erfolgen. Hierzu soll zunächst in das Konzept der Seltenheit einer Spezies und deren Schutzwert eingeführt werden.

4.5.4.2 Einschub: Konzept Seltenheit der Spezies

Die Modelle MCSP, SSCP sowie ihre Standard-Backup-Erweiterungen betrachten jede Spezies als gleichermaßen schützenswert. Für die folgenden Varianten des BMCSP wird von dieser Annahme abgewichen. Nach Revelle et al. (2002, S.75) ist die Möglichkeit der Backup- und Redundant Covering-Modelle, zwischen Primär- und Sekundärabdeckung abzuwägen, eine herausragende Eigenschaft, welche es zu nutzen gilt. So kann eine Wahl getroffen werden, die alle Spezies mit mindestens einfacher Abdeckung versieht, oder einige Spezies mit mehrfacher Abdeckung (zum Nachteil anderer Spezies ohne Abdeckung). Um diese Wahl zu ermöglichen, muss in der Menge der Spezies eine Unterscheidung getroffen, d.h. die Menge der Spezies in verschiedene Teilmengen aufgespalten werden. Hierfür wird das Konzept der Seltenheit einer Spezies bzw. deren Schutzwert eingeführt.

Um Unterscheidungen in der Menge der Spezies zu treffen, existieren verschiedene Ansätze. So können z.B. die geographische Ausbreitung der Spezies, Bedingungen des Lebensraumes, Raubtiere sowie die verschiedenen Interpretationsmöglichkeiten dieser Größen großen Einfluss auf die Überlebensfähigkeit einer Spezies und somit deren Schutzwert ausüben (Malcolm et al. 2005, S.100). Für diese Arbeit soll die Bestimmung des Schutzwertes einer Spezies anhand ihrer Seltenheit, d.h. ihrer Ausbreitung, erfolgen. Des Weiteren gelten folgende Annahmen nach Malcolm und Revelle (2005):

- Die Darstellung einer Spezies i in einer Parzelle impliziert ihre Überlebensfähigkeit in eben dieser Parzelle.
- Die Überlebensfähigkeit der Spezies i ist unabhängig von der Parzelle, in der sie vorkommt.
- Die Überlebensfähigkeiten aller Spezies in den Parzellen werden nicht durch ihre räumliche Nähe untereinander beeinflusst.

Der Schutzwert der Spezies soll anhand zwei verschiedener Methoden bestimmt werden.

1. Der Schutzwert der Spezies soll anhand ihrer Häufigkeiten im Gebiet ermittelt werden. Hierfür wird folgende Formel verwendet (Memtsas 2003):

$$d_i = 1/N_i \,\forall\, i \in I$$

N_i gibt die Anzahl der Zellen an, in denen Spezies i vertreten ist. Der Parameter d_i gibt schließlich den Schutzwert der jeweiligen Spezies i an. Dieser liegt zwischen 0 und 1. Je näher der Wert an 1 liegt, desto schutzbedürftiger ist die jeweilige Spezies.

2. Die zweite Methode sieht die Partitionierung der Menge der Spezies in zwei Teilmengen vor (Malcolm et al. 2005, S.100). Teilmenge R für seltene Spezies mit hohen Schutzwert und Teilmenge NR für weit verbreitete Spezies mit geringerem Schutzwert. Für das Beispiel dieser Arbeit soll nach der Partitionierungsmethode jede Spezies mit einer Präsenz von 20% oder weniger im gesamten Gebiet als schutzbedürftig „R" gelten. Die errechneten Gewichtungen beider Methoden sind der Tabelle 3 (Abschn. 4.2) zu entnehmen.

Beide Methoden haben gemein, dass sie den Schutzwert einer Spezies anhand ihrer Ausbreitung im Gebiet bestimmen. Nach Malcolm und Revelle (2005) tendieren die Standard Backup-Erweiterungen dazu, den Spezies mit größter Ausbreitung bevorzugt Backup-Abdeckung zuzusprechen. Dies kann durch die Schutzwert-Gewichtung / Partitionierung ausgeglichen werden. Auf das Beispiel im Abschn. 4.2 bezogen, haben die Spezies E,F,K die größte Ausbreitung und somit die geringste Schutzbedürftigkeit. Spezies A,B,G,O,P haben die geringste Ausbreitung, d.h. die höchste Schutzbedürftigkeit.

4.5.4.3 Variante 2: BMCSP mit Gewichtungsfaktor d_i (V2)

Schließlich kann auch eine Unterscheidung in der Menge der Spezies durch eine Gewichtung d_i der einzelnen Spezies i erfolgen (vgl. Abschn. 4.5.4.2). Eine Möglichkeit, diese Unterscheidung mit jenen Gewichtungsfaktoren durchzuführen, welche auf den Häufigkeiten der Spezies i basieren, liegt in der Forderung nach einer Primärabdeckung für die gesamte Menge der Spezies sowie in der Forderung nach einer Backup-Abdeckung für die Spezies i mit hoher Schutzbedürftigkeit (hoher d_i Wert). Je größer der d_i-Wert, desto wahrscheinlicher erfolgt eine Backup-Abdeckung im Optimierungsverfahren. Somit ermöglicht diese Methode gegenüber der Partitionierung in 2 Teilmengen (R, NR) eine filigranere Optimierung. Das Modell lässt sich wie folgt darstellen:

$$max \sum_{i \in I} d_i u_i \quad (26)$$

$$\text{u.d.N.:} u_i \leq \sum_{j \in N_i} x_j - 1, \forall i \in I, \quad (27)$$

$$\sum_{j \in J} x_j = p, \quad (28)$$

$$x_j, u_i = [0,1]. \quad (29)$$

Die Zielfunktion (26) wird hier versuchen, entsprechend der Restriktionen (27,28,29), welche mit dem Ausgangsmodell BMCSP in Abschn. 4.5.3 identisch sind, und unter Beachtung der jeweiligen Gewichtung d_i, die Backup-Abdeckung der gesamten Menge der Spezies i zu maximieren.

Das BMCSP mit Gewichtungen (V2) am Beispiel

Die Lösung des Beispiels mit Berücksichtigung der Gewichtungsfaktoren d_i erbrachte folgende Lösungen (Tabelle 9):

P	Reservatsparzelle	ui - Spezies Backup (V2) A B C D E F G H I J K L M N O P	Backup Abd.	ui*di
0	keine		0	
1	keine		0	
...6	keine		0	
7	2,9,10,15,17,21,22	1 0 1 1 1 1 0 0 0 1 1 0 0 1 0 0	8	1,32
8	2,4,9,10,15,17,21,22	1 0 1 1 1 1 0 0 0 1 1 0 0 1 1 0	9	1,82
9	2,4,9,10,15,17,20,21,22	1 0 1 1 1 1 1 0 0 1 1 0 0 1 1 0	10	2,32
10	2,4,7,8,13,14,17,20,21,22	1 0 1 1 1 1 1 0 0 1 1 1 1 1 1 0	12	2,82
11	2,4,6,7,8,14,15,17,20,21,22	1 0 1 1 1 1 1 1 1 1 1 1 1 1 1 0	14	3,15

P	Reservatsparzelle	ui - Spezies - Backup (S1) A B C D E F G H I J K L M N O P	Backup Abd.	ui*di
0	keine		0	
1	keine		0	
...6	keine		0	
7	2,7,11,14,17,21,22	1 0 1 1 1 1 0 0 1 1 1 0 0 0 0 0	8	1,29
8	2,7,8,14,15,17,21,22	1 0 1 1 1 1 0 0 0 1 1 1 1 1 0 0	10	1,82
9	2,5,7,8,14,15,17,21,22	1 0 1 1 1 1 0 1 1 1 1 1 1 0 0 0	12	2,15
10	2,4,5,7,8,14,15,17,21,22	1 0 1 1 1 1 0 1 1 1 1 1 1 1 1 0	13	2,65
11	2,4,5,7,8,14,15,17,20,21,22	1 0 1 1 1 1 1 1 1 1 1 1 1 1 1 0	14	3,15

Tabelle 9: Excel Solver Lösung des Beispielfalls mit BMCSP (V2) und Vergleich zu (S1).

Auf der linken Seite befinden sich die Lösungen des BMCSP (V2), rechts zum Vergleich das Standard-BMCSP (S1). Die Funktionalität dieser Variante des BMCSP ist bis auf die Gewichtungen identisch mit dem (S1). Auch hier können keine gültigen Lösungen für *p*-Werte kleiner als 7 ermittelt werden, da Restriktion (27) eine Primärabdeckung aller Spezies *i* verlangt. Die Wirkung der Gewichtungsfaktoren d_i, lässt sich an der unterschiedlichen Zusammensetzung von Reservatsparzellen und damit einhergehender unterschiedlicher Mehrfachabdeckung der Spezies i erkennen. Die Spalte „$u_i * d_i$" gibt die aufsummierten Gewichtungsfaktoren d_i der jeweiligen Lösung u_i an (Zielfunktionswerte). Das (S1) berücksichtigt keine Gewichtungsfaktoren, jedoch wurde zur Veranschaulichung und zum Vergleich eine „$u_i * d_i$" Spalte generiert. Hier ist zu erkennen, dass die abweichenden Lösungen des (V2) in der Bevorzugung des höheren Zielfunktionswertes $u_i * d_i$ gegenüber dem Zielfunktionswert des (S1), welcher ausschließlich nur u_i betrachtet, begründet sind. In $p = 8$ und $p = 10$ ist zu erkennen, dass (V2) der Erreichung eines höheren (oder auch gleichen) Zielfunktionswertes durch Gewichtung der eigentlichen Mehrfachabdeckung nach Anzahl der Spezies den Vorzug gibt. So werden in $p = 10$ im (S1) 13 Mehrfachabdeckungen erreicht, im (V2) aber nur 12, jedoch ist der gewichtete Zielfunktionswert des (V2) mit (2,82) dem zur Veranschaulichung nachträglich gewichteten Zielfunktionswert des (S1) mit (2,65) überlegen. Eine weitere Funktion des Gewichtungsfaktors d_i liegt darin, dass die Anzahl der optimalen Lösungen abnimmt, d.h. eindeutige Ergebnisse ermöglicht werden (insbesondere bei der Hinzunahme komplexer Indikatoren bei der Gewichtungsbestimmung).

Von Malcolm und Revelle (2005) wurden weitere Varianten des BMCSP vorgestellt, welche z.B. eine Primärabdeckung nur für besonders seltene Spezies vorsehen, oder einen Austausch von Primär- und Backup-Abdeckung durch ein Modell mit unterschiedlicher Gewichtung der beiden Ziele ermöglichen. Der Umfang dieser Arbeit lässt es jedoch nicht zu, auf diese näher einzugehen.

4.6 Auswirkungen unterschiedlicher Kriterien in der Primärabdeckung auf die Backup-Abdeckung

Dieser Abschnitt soll dazu dienen, die Modelle (S1, V1, V2) anhand des Beispielfalls zu vergleichen (Tabelle 10). Im Speziellen sollen die Auswirkungen der unterschiedlichen Modellierungen auf die Primär- und Backup-Abdeckungen dargestellt werden (Abbildung 6 und 7). Hierzu wurden für jede Parzellenanzahl-Iteration die Ergebnisse einander gegenübergestellt, um eventuelle Auffälligkeiten sichtbar zu machen.

Abdeckungen	Primärabdeckung (yi)			Backup-Abdeckung (ui)		
Parzelle/Modell	S1	V1	V2	S1	V1	V2
1	0	2	0	0	0	0
2	0	8	0	0	8	0
3	0	9	0	0	9	0
4	0	10	0	0	10	0
5	0	11	0	0	11	0
6	0	11	0	0	11	0
7	16	14	16	8	12	8
8	16	14	16	10	13	9
9	16	14	16	12	13	10
10	16	15	16	13	14	12
11	16	15	16	14		14

Tabelle 10: Excel Solver Lösungen der BMCSP (S1,V1,V2) Primär-und Backup-Abdeckung.

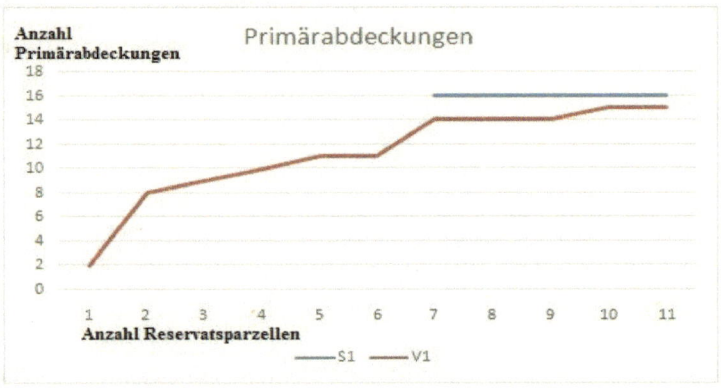

Abbildung 6: Grafischer Vergleich der Primärabdeckungen BMCSP (S1,V1).

Im Diagramm (Abbildung 6) ist zu erkennen, dass die Relaxierung des V1 schon eine Primärabdeckung (Ordinate) ab der ersten Reservatsparzelle (Abszisse) zulässt. Im S1 wird Primärabdeckung erst mit der siebten Reservatsparzelle erreicht (S1 und V2 sind hier identisch), jedoch ist dies zugleich die maximal mögliche Primärabdeckung. Das relaxierte V1 lässt die Primärabdeckung mit jeder weiteren Parzelle kontinuierlich, aber indirekt, ansteigen. Da im V1 keine Primärabdeckung gefordert ist, diese sich jedoch aus der Backup-Abdeckung ergibt (es kann keine Backup-Abdeckung ohne Primärabdeckung geben), kann die vollständige Primärabdeckung aller Spezies erreicht werden. In dem Fall, dass Spezies nur einmal im Gesamtgebiet vorkommen und somit keine Backup-Abdeckung für diese Spezies möglich ist, wird im V1 auch keine vollständige Primärabdeckung erreicht, da diese kein Zielfunktionskriterium darstellt.

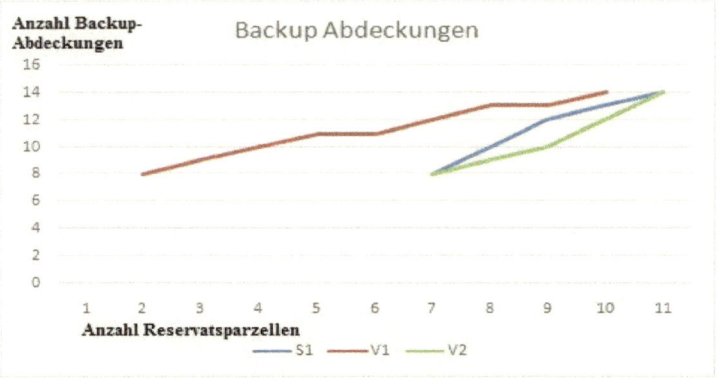

Abbildung 7: Grafischer Vergleich Backup-Abdeckungen BMCSP (S1,V1,V2).

Das Diagramm (Abbildung 7) zeigt einen Vergleich der Modelle S1, V1 und V2 in der Zunahme der Spezies mit Backup-Abdeckung, je mehr Parzellen zum Schutzgebiet hinzugefügt werden. Dabei fallen die Kurven für S1 und V2 nahezu identisch aus. Dies liegt darin begründet, dass sowohl S1 als auch V2 eine vollständige Primärabdeckung für alle Spezies verlangen und somit die restriktivsten Kurven im Diagramm darstellen (Malcolm et al. 2005, S.103). Beide beginnen bei einer Schutzgebietsgröße von 7 Parzellen und erreichen damit 8 Backup-Abdeckungen. Danach variieren beide leicht im Anstieg der Back-Abdeckungen. Das ist auf die Gewichtungen der Spezies im V2 zurückzuführen. Bei einer Schutzgebietsgröße von 11 Parzellen erreichen beide maximal mögliche Back-Abdeckungen. Im V1 hingegen wurde das Kriterium der Primärabdeckung relaxiert. Hier wird bereits mit einem Schutzgebiet aus 2 Parzellen eine Backup-Abdeckung für 8 Spezies erreicht. Diese steigt mit Vergrößerung des Schutzgebietes an, bis schließlich schon ab einer Schutzgebietsgröße von 10 Parzellen die maximal mögliche Backup-Abdeckung für 14 Spezies erreicht wird.

4.7 Allgemeine Kritik an den Modellen

Ein Problem aller mathematischen Gebietsselektierungsverfahren besteht in der Datenunsicherheit. Die Erhebung von Daten über die Biodiversität eines Gebiets ist sehr aufwändig und damit auch kostspielig. Oftmals sind daher die Daten über Biodiversität nur unvollständig vorhanden, und fehlende Daten werden interpoliert, um die mathematischen Verfahren anwenden zu können. Dies führt zu einer ungenügenden Datenqualität, und darauf basierende Lösungen können nur so gut sein, wie die ihnen zugrundeliegenden Daten (vgl. Cabezza et al. 2001; Revelle et al. 2002).

Ein weiteres Problem aller hier vorgestellten Modelle liegt darin, dass sie voraussetzen, die Biodiversität langfristig erhalten zu können, indem Parzellen mit interessierender Biodiversität zu einem Schutzgebiet hinzugefügt werden. Neuere Erkenntnisse zeigen, dass die kurzfristige Erhaltung der Biodiversität so zwar möglich ist, langfristig jedoch nicht garantiert werden kann, da Faktoren wie die Qualität des Gebietes, Gefahren und Überlebenswahrscheinlichkeiten sowie der räumliche Zusammenhang nicht berücksichtigt werden (Pimm et al. 1998; Williams et al. 2005). So würde z.B. die Gestaltung eines Biosphärenreservates (wie in Abschn. 3.3 veranschaulicht), anhand der hier vorgestellten mathematischen Modelle nur schwer zu realisieren sein, da der notwendige räumliche Zusammenhang (vgl. Abschn. 3.2 "räumliche Kriterien") für die Kern- und Pufferzonen nicht garantiert werden kann bzw. sich höchstens zufällig ergeben würde. Grundsätzlich existieren zu allen hier vorgestellten Modellen Erweiterungen, welche diese Faktoren zu berücksichtigen versuchen. Hierdurch steigt die Anzahl der in den Modellen verwendeten Parameter jedoch beträchtlich an, was die Lösungsprozeduren äußerst verlangsamt bzw. Lösungen in akzeptabler Zeit unmöglich macht.

5 Fazit / Ausblick

Um ein mathematisches Modell für eine systematische Planung von Naturschutz zu erstellen, muss es ein Potential an Biodiversität für eine Unterschutzstellung eines Gebietes geben. Daher ist vor einem solchen Unternehmen eine Bestanderfassung unentbehrlich. Die Erfassung kann stichprobenartig sein oder auf jahrelangen Beobachtungsdaten basieren. Je aufwändiger sie betrieben wird, desto sicherer werden die Planungsaussagen sein (Cabezza et al. 2001; Revelle et al. 2002).

Doch die Bestandserfassung ist zumeist sehr aufwändig. Daher wird in den meisten Fällen von Stichproben ausgegangen, deren Ergebnisse interpoliert werden müssen, um sie in das mathematische Modell einspeisen zu können. Ungenauigkeiten sind demnach nicht ausgeschlossen. Die dann folgenden Auswertungen werden zeigen, welches Modell zur Anwendung kommt.

In den Modellen wird von einer fiktiven homogenen Fläche ausgegangen. Soll eine größtmögliche Biodiversität erreicht werden, ist das "Backup Species Set Covering Problem" gut geeignet. Soll mit begrenzten Ressourcen die höchstmögliche Biodiversität erzielt werden, findet das "Backup Maximal Covering Species Problem" Anwendung. Beide Modelle berücksichtigen jedoch nicht den Seltenheitswert einer Spezies. Nach den Aussagen von Malcolm und Revelle (2005) weisen die Arten mit der größten Ausbreitung die höchste Backup-Abdeckung auf. In diesem Fall können die Modelle modifiziert werden, indem die unterschiedlichen Mengen und Partizipierungen berücksichtigt werden und im Ergebnis ihnen der jeweilige Schutzstatus zugesprochen wird.

Beim „Maximum Covering Model" und beim „Backup Species Set Covering Problem" (samt Varianten) wird von partizipierten Parzellen bzw. mehreren Biotopen ausgegangen, welche entweder unmittelbar benachbart oder in Abständen vernetzt sind. Sind sie benachbart, ist die Entwicklung der Arten vermutlich beständig, denn zusammenhängende Flächen sichern den Austausch von Genmaterial zur Arterhaltung. Wird ein separates Biotop modelliert, ist eine Arterhaltung möglich. Weil aber das Gebiet begrenzt ist, ist das Maß einer wahrscheinlichen Gefährdung der Spezies entsprechend höher einzustufen. Störfaktoren wie Verkehrsstraßen, Räuberei, Klima und andere Umweltfaktoren bleiben außen vor, so dass die vorgestellten Modelle Momentaufnahmen sind und die Überlebenswahrscheinlichkeit der Spezies so nicht garantiert werden kann (Pimm et al. 1998; Williams et al. 2005). Daher müssen äußere Faktoren in diesen Modellen berücksichtigt werden.

Doch diese Faktoren einzeln zu erfassen und das Maß einer wahrscheinlichen Beeinflussung auf die Spezies zu ermitteln, verlangt komplexere mathematische Modelle mit mehreren Dimensionen und Variablen. Schon der Aufwand für den Einsatz der vorgestellten mathematischen Modelle hängt von den finanziellen Möglichkeiten eines Landes ab.

Die Anwendung von mathematischen Modellen in der Ausweisung von Naturschutzreservaten ist ein Beitrag zur Erhaltung und Entwicklung der Biodiversität. Die Erhaltung und Einrichtung von Naturschutzgebieten weltweit würde der Staatengemeinschaft ca. 63 Milliarden Euro jährlich kosten (McCarthy 2010, S.946). Auf den ersten Blick erscheint diese Summe überaus hoch, doch entspricht sie z.B. weniger als 20 Prozent der weltweiten Ausgaben für Erfrischungsgetränke, wie Forscher in *Die Zeit* erklären (Zeit Online 2012).

Tatsächlich kamen die vorgestellten Modelle bereits 2010 zur Anwendung. Wissenschaftler erkundeten, wie viel es kosten würde, stark gefährdete Vogelarten zu schützen, und wie viel Geld notwendig wäre, um diese auf der Internationalen Roten Liste gefährdeter Arten anzusiedeln. Der größere Teil schützenswerter Arten und Gebiete liegt in ärmeren Ländern. Diese können aber solche Kosten nicht aufbringen. Ein geringerer Kostenanteil – so die Forscher – wäre dagegen tatsächlich bei besonders bedrohten Arten notwendig, die in kleinen Gebieten vorkommen. Dennoch bleibt die Erkenntnis: Je länger die Staatengemeinschaft wartet, die 2010 beschlossenen Biodiversitätsziele umzusetzen, desto mehr werden die Kosten hierfür in die Höhe schnellen (Zeit Online 2012, vgl. McCarthy 2010).

Anhang

In der Excel Umgebung zu modellierender Anteil:

Zur Modellierung des BMCSP (V1) mittels Excel Solver bietet es sich an, zunächst das Eingabefeld der verfügbaren Reservatsparzellen und die variablen Bereiche der Entscheidungsvariablen x_j, y_i und u_i zu definieren. Diese sind hier durch die grün bzw. gelb hinterlegten Zellen dargestellt.

	A	B	C	D	E	F	G	H	I	J	K	L	M	N	O	P	Q	R
2		di	0,50	1,00	0,14	0,14	0,07	0,07	0,50	0,17	0,17	0,14	0,06	0,25	0,25	0,20	0,50	1,00
3		xj	A	B	C	D	E	F	G	H	I	J	K	L	M	N	O	P
4	1	0	0	0	0	0	0	0	0	0	0	0	0	0	0	0	0	0
5	2	1	0	0	0	0	1	1	0	0	0	1	0	0	0	1	0	
6	3	0	0	0	0	0	0	0	0	0	0	0	0	0	0	0	0	0
7	4	1	0	0	0	0	1	1	0	0	0	1	0	0	0	1	0	
8	5	0	0	0	0	0	0	0	0	0	0	0	0	0	0	0	0	0
9	6	1	0	0	0	1	1	0	1	1	0	1	0	0	0	0	0	
10	7	1	0	0	1	1	1	1	0	0	1	1	1	0	0	1	0	0
11	8	1	0	0	1	1	1	1	0	1	0	1	1	0	0	1	0	0
12	9	0	0	0	0	0	0	0	0	0	0	0	0	0	0	0	0	0
13	10	0	0	0	0	0	0	0	0	0	0	0	0	0	0	0	0	0
14	11	0	0	0	0	0	0	0	0	0	0	0	0	0	0	0	0	0
15	12	0	0	0	0	0	0	0	0	0	0	0	0	0	0	0	0	0
16	13	1	0	0	0	1	1	1	0	0	0	0	1	1	0	0	0	
17	14	1	0	0	0	0	0	0	0	0	0	0	1	1	0	0	0	
18	15	0	0	0	0	0	0	0	0	0	0	0	0	0	0	0	0	0
19	16	0	0	0	0	0	0	0	0	0	0	0	0	0	0	0	0	0
20	17	0	0	0	0	0	0	0	0	0	0	0	0	0	0	0	0	0
21	18	0	0	0	0	0	0	0	0	0	0	0	0	0	0	0	0	0
22	19	0	0	0	0	0	0	0	0	0	0	0	0	0	0	0	0	0
23	20	1	0	0	0	0	0	1	0	0	0	1	0	0	0	0	0	
24	21	0	0	0	0	0	0	0	0	0	0	0	0	0	0	0	0	0
25	22	1	1	0	0	0	0	0	1	0	0	0	0	0	0	0	0	
26	SUMME	9	1	0	2	3	6	6	2	2	2	2	6	2	2	2	2	0
27		ui	0	0	1	1	1	1	1	1	1	1	1	1	1	1	1	0
28		yi	1	0	1	1	1	1	1	1	1	1	1	1	1	1	1	0
29		ui+yi	1	0	2	2	2	2	2	2	2	2	2	2	2	2	2	0

	V	W
3	Parzellen (p)	9
4	Primärabdeckungen (SUM yi)	14
5	Erfasste Populationen	40
6	Mehrfachabdeckungen (SUM ui)	13

Abbildung 8: *Modellierung BMCSP (V1) in Excel*

Reservatsparzellen P: W3

Entscheidungsvariablen x_j: B4 bis B25

Entscheidungsvariablen y_i: C28 bis R28

Entscheidungsvariablen u_i: C27 bis R27

In nächsten Schritt wird die „Parzellen/Spezies" Matrix des Beispielfalls mit den entsprechenden Entscheidungsvariablen x_j multipliziert. Die hieraus resultierende Matrix (C4 bis R25) zeigt nun lediglich die Spezies an, welche in einer durch die Variablen x_j ausgewählten Parzelle ansässig sind. Von dieser Matrix müssen Spaltensummen (C26 bis R26) generiert werden. Diese geben an, wie oft die jeweilige Spezies i durch eine ausgewählte Parzelle x_j abgedeckt wird und ist im Modell durch $\sum_{j \in N_i} x_j, \forall i \in I$ (Restriktion 16 rechte Seite) dargestellt. Ebenfalls muss wie durch Restriktion (16) gefordert, die Summe aus den Entscheidungsvariablen u_i und y_i gebildet werden (C29 bis R29). Schließlich ist noch die Summe der Entscheidungsvariablen x_j zu bilden (B26). Die Summen der Entscheidungsvariablen y_i und u_i geben die Anzahl der erreichten Primärabdeckungen bzw. der Mehrfachabdeckungen an. Diese Summen sind für die Funktionalität des Modells nicht erforderlich, jedoch zur Kenntlichmachung der erzielten Lösung durchaus sinnvoll.

Hiermit wurden alle notwendigen Schritte in der Excel Umgebung durchgeführt, die restlichen Modellierungsnotwendigkeiten sind im Solver vorzunehmen.

Im Excel Solver zu modellierender Anteil:

Im Solver ist zunächst die Zielfunktion zu definieren. In diesem Modell (V1) muss hierfür die Zelle W6, welche die Summe u_i, also der erreichten Mehrfachabdeckungen angibt, maximiert werden (im Modell durch Funktion 15, $max \sum_{i \in I} u_i$ dargestellt). Nun werden die Entscheidungsvariablen Bereiche x_j, y_i und u_i im Solver angegeben (B4 bis B25, C27 bis R27 und C28 bis R28). Diese Bereiche werden durch den Solver unter Berücksichtigung der Restriktionen solange variiert, bis eine optimale Lösung gefunden wurde (sofern diese existiert).

Anhang

Abbildung 9: Solver-Parameter BMCSP (V1) im ExcelSolver

Nun sind die Restriktionen (in der Abbildung durch R1 bis R5 dargestellt) unter denen die Optimierung erfolgen soll, zu definieren. Die Restriktionen R1 und R3 entsprechen hier der Restriktion (19) im Modell und verlangen, dass die Entscheidungsvariablen x_j und u_i ganzzahlig binär sein müssen. Hierdurch kann der Solver die entsprechenden Bereiche nur mit 0 und 1 Werten variieren. Restriktionen R2, R4 und R5 entsprechen den Restriktionen (17), (16) und (18) des Modells. Genauere Informationen zu den Funktionsweisen dieser Restriktionen finden sich im Kap. 4.5.4.1.

Schließlich ist als Lösungsmethode der Simplex Algorithmus zu wählen, da es sich hier um ein lineares Problem handelt und dieser hierfür effektiv Lösungen errechnet. Die erreichten Primärabdeckungen und Mehrfachabdeckung der durch den Solver gefundenen Lösung können nun in den Zellen W4 und W6 abgelesen werden.

Literaturverzeichnis

Alberti, M. (2005): The Effects of Urban Patterns on Ecosystem Function. In: International Regional Science Review, 28, 2, pp. 168-192.

Ando, A.; Camm, J. D.; Polasky, S. & Solow, A. (1998): Species Distributions, Land Values and Efficient Conservation. In: Science, 279, pp. 2126–2128.

Batisse, M. (1986): Developing and focusing the biosphere reserve concept. In: Nature andresources, 22, 3, pp. 2-11.

Bundesnaturschutzgesetz (BnatSchG), Gesetzt über Naturschutz und Landschaftspflege: § 1 Ziele des Naturschutzes und der Landschaftspflege URL https://www.gesetze-im-internet.de/bnatschg_2009/__1.html

Camm, J. D.; Polasky, S.; Solow, A. &Csuti, B. (1996): A Note on Optimal Algorithms for Reserve Site Selection. In: Biological Conservation, 78, pp. 353–355.

Cabezza, M. and Moilanen, A. (2001): Design of reserve networks and the persistence of biodiversity. In: TRENDS in Ecology & Evolution, 16, pp. 242-248.

Church, R. L.; Gerrard, R.; Hollander, A. &Stoms, D. (2000): Understanding the Trade-offs between Site Quality and Species Presence in Reserve Site Selection. In: Forest Science, 46, pp. 157–67.

Church, R. &ReVelle, C. (1974): The Maximal Covering Location Problem. In: Papers of the Regional Science Association, 32, pp. 101–118.

Church, R. L.; Stoms, D. M. & Davis, F. J. (1996): Reserve Selection as a Maximal Covering Location Problem. In: Biological Conservation, 76, pp. 105–112.

Davey, A. G. (1998): National System Planning for Protected Areas. Union Internationale pour la Conservation de la Nature et de sesRessources, Switzerland; pp. 1.

Daskin, M. (1995): Network and Discrete Location; Models, Algorithms, and Applications; New York; Chichester; Brisbane;Toronto; Signapure: John Wiley & Sons, p. 155.

DeFries, R. S.; Foley, J. A. and Asner, G. P. (2004): Land-use choices: balancing human needs and ecosystem function. In: Front Ecol Environ, 2(5), pp. 249-257.

Drezner, Z. and Hamacher, H. W. (2001): Facility Location: Applications and Theory, 1, Springer, pp. 307.

Faith, D. P. and Walker, P. A. (1996): Environmental diversity: on the best-possible use of surrogate data for assessing the relative biodiversity of sets of areas. In: Biodiversity and Conservation, 5, pp. 399-415.

Groom, M. J. (2005): Threats to Biodiversity. In: Principles of Conservation Biology. Sunderland, Sinauer Associates, pp. 699.

Hamaide, B.; Williams, J. C. and Revelle, C. S. (2009): Cost-efficient Reserve Site Selection Favoring Persistence of Threatened and Endangered Species. In: Geographical Analysis, 41, pp. 66-84.

Hogan, K. and Revelle, C. (1986): Concepts and Applications of Backup Coverage. In: Management Science, 32, 11, pp. 1434-1444.

Hupke, K. D. (2015): Naturschutz: Ein kritischer Ansatz, 1, Springer Spektrum, pp. 26.

Knoke, I. und Inkermann, H. (2015): Palmöl - der perfekte Rohstoff? Eine Industrie mit verheerenden Folgen. Download 22.09.2017 von URL http://konsumentenfragen.at/cms/konsumentenfragen/attachments/0/4/3/CH0948/CMS1451911755133/2015-22_palmoel_eine_industrie_mit_verheerenden_folgen.pdf

Kukkala, A. S. and Moilanen, A. (2013): Core concepts of spatial prioritization in systematic conservation planning. In: Biological Reviews, 88, pp. 443-464.

Lossen, E., Steinfels, T. (2006): Standortplanung. Download am 24.08.2017 von URLhttp://www.optiv.de/Fallbsp/14-Standortplanung/14-standortplanung/14-standortplanung.pdf, 21. Sept., pp. 15-17.

Malcolm, S. A. and ReVelle, C. S. (2005): Models for Preserving Species Diversity with Backup Coverage. In: Environmental Modeling and Assessment, 10, pp. 99–105.

Margules, C. R. and Nicholls, A. O. (1988): Selecting Networks of Reserves to Maximise Biological Diversity. In: Biological Conservation, 43, pp. 63-76.

McCarthy D. P.; Scharlemann J. P. W.; Buchanan G.M; Balmford, A; Jonathan M. H. (2010): Costs of Conservation. In: Science 11. Oct., pp. 946.

Memtsas, D. P. (2003): Multiobjective programming methods in the reserve selection problem. In: European Journal of Operational Research, 150, pp. 640-652.

Myers, N.; Mittermeier, R. A., Mittermeier, C. G. et al. (2000): Biodiversity hotspots for conservation priorities. In: Nature, 403, pp. 853-858.

Owen, S. H. and Daskin, M. S. (1998): Strategic facility location: A review. In: European Journal of Operational Research, 111, pp. 423-447.

Pimm, S. L. and Raven, P. (2000): Extinction by numbers. In: Nature, 403, pp. 843-845.

Pimm, S. L. and Lawton, J. H. (1998): Planning for Biodiversity. In: Science, 279, pp. 2068-2069.

Pirkul, H. and Schilling, D. (1989): The Capacitated Maximal Covering Location Problem with Backup Service. In: Annals of Operations Research, 18, pp. 141-154.

Possingham, H.; Ball, I. and Andelman, S. (2000): Mathematical Methods for Identifying Representative Reserve Networks. In: Quantitative methods for conservation biology, pp. 291-305.

Possingham, H.; Day, J.; Goldfinch, M. and Salzborn, F. (1993): The mathematics of designing a network of protected areas for conservation. In: "Decision Sciences: tools for today" Proceedings of 12th National Conference. Eds., pp. 536-545.

Pressey, R. L.; Humphries, C. J.; Margules, C. R.; Vane-Wright, R. I. and Williams, P. H. (1993): Beyond Opportunism: Key Principles for Systematic Reserve Selection. In: TREE, 8, pp. 124-128.

Pressey, R. L. and Bottrill, M. C. (2009): Approaches to landscape- and seascape-scale conservation planning: convergence, contrasts and challenges. In: Fauna & Flora International, Oryx, 43(4), pp. 464-475.

ReVelle, C. S.; Williams, J. C. & Boland, J. J. (2002): Counter-part Models in Facility Location Science and Reserve Selection Science. In: Environmental Modeling and Assessment, 7, pp. 71–80.

Seabloom, E. E.; Donson, A. P. and Stoms, D. M. (2002): Extinction rates under nonrandom patterns of habitat loss. In: PNAS, 99, 17, pp. 11229-11234.

Shaffer, M. L. (1981): Minimum Population Sizes for Species Conservation. In: Bioscience, 31, 2, pp. 131-134.

Simberloff, D. (1998): Flagships, umbrellas and keystones: is single species management passe in the landscape era? In: Biological Conservation, 83, pp. 247-257.

Snyder, S. A. & Haight, R. G. (2016): Application of the Maximal Covering Location Problem to Habitat Reserve Site Selection. A Review. In: International Regional Science Review, 39, 1, pp. 28–47.

Soule, M. E. and Simberloff, D. (1986): What do Genetics and Ecology Tell Us About the Design of Nature Reserves? In: Biological Conservation, 35, pp. 19-40.

Swingland, I. R. (2001): Biodiversity, Definition of. In: Encyclopedia of Biodiversity, 1, pp. 377-391.

Toregas, C.; Swain, R.; Revelle, C. and Bergman, L. (1971): The Location of Emergency Service Facilities. In: Operations Research, 19, 6, pp. 1363-1373.

UNESCO (1996): Biosphere Reserves – The Seville Strategy & The Statutory Framework of the World Network. download am 22.04.2017 von URL http://unesdoc.unesco.org/images/0010/001038/103849e.pdf.

UNESCO (2017): Biosphärenreservate - Mensch und Biosphäre. Download am 25.08.2017 von URL https://www.unesco.de/wissenschaft/biosphaeren-reservate.html.

Vold, T. and Buffet, D. A. (2008): Ecological Concepts, Principles and Applications to Conservation, BC. 36, pp. www.biodiversitybc.org.

Wenjun, L.; Wang, Z.; Ma, Z. and Tang, H. (1999): Designing the core zone in a biosphere reserve based on suitable habitats: Yancheng Biosphere Reserve and the red crowned crane (Grus japonensis). In: Biological Conservation, 90, pp. 167-173.

Weltkommission für Umwelt und Entwicklung, Gro Harlem Brundtland (Hrsg.) (1987): Unsere gemeinsame Zukunft, Auf dem Weg zu dauerhafter Entwicklung, Brundtland-Bericht, Greven: Eggenkamp, pp. 46.

Williams, J. C.; ReVelle, C. S. & Levin, S. A. (2005): Spatial Attributes and Reserve Design Models: A Review. In: Environmental Modeling and Assessment, 10, pp. 163–181.

World Wide Fund For Nature (WWF) (2016): Die Rote Listebedrohter Tier- und Pflanzenarten, Weltnaturschutzunion (IUCN): Stand: 06. Sept. Download am 22.08.2017 von URL http://www.wwf.de/themen-projekte/weitere-artenschutzthemen/rote-liste-gefaehrdeter-arten/ .

Zeit Online (2012): Biodiversität: Artenschutz wäre günstig zu haben. Download am 23.08.2017 von URL www.zeit.de/wissen/umwelt/2012-10/bio-diversitaet-kosten-schutzgebiete.